Cercado Eléctrico

Electrificación, instalación, montaje, alarmas, mantenimiento

ISBN: 9798387764615

Edición EMD

ÍNDICE

Capítulo 3 - Cercado Eléctrico **Página**

CAPITULO 1

CORRIENTE ELÉCTRICA

FISICA ELÉCTRICA

MATERIA

Es todo aquello que puede ser percibido por nuestros sentidos y ocupa un lugar en el espacio: los metales, los gases, los líquidos, etc. Puede estar conformada por uno o varios elementos.

ELEMENTO

Sustancia básica que no puede descomponerse en otro tipo de componentes y que sirven para constituir toda la materia existente en el universo. Actualmente se conocen 116 elementos.

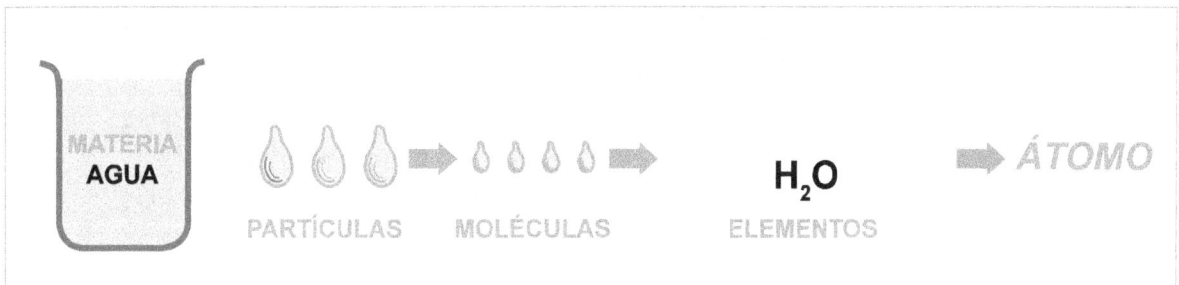

MATERIA AGUA → PARTÍCULAS → MOLÉCULAS → H_2O ELEMENTOS → ÁTOMO

MOLÉCULA

Es la parte más pequeña en que puede dividirse la materia (cuando está conformada por varios elementos), sin que pierda sus características físicas y químicas. Está compuesta por átomos.

ÁTOMO

Es la parte más pequeña en que puede dividirse un elemento sin que pierda sus características físicas y químicas. Está compuesto especialmente por <u>protones</u>, <u>electrones</u> y neutrones.

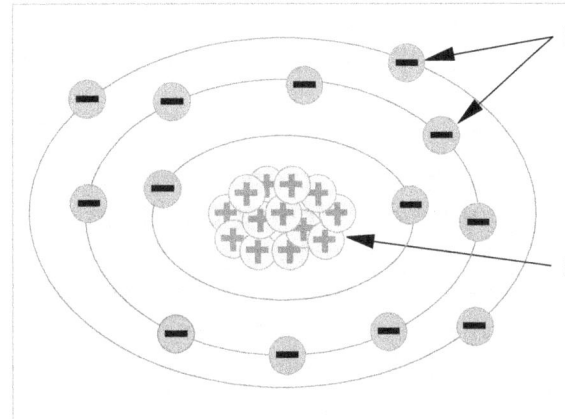

ELECTRONES: partículas con carga eléctrica negativa.

LIBRES:

* los más alejados del núcleo
* se encuentran en la última capa del átomo
* los buenos conductores tienen sólo 1 ó 2 electrones libres

FIJOS:

* se encuentran en las capas más cercanas al núcleo

NÚCLEO: parte interna del átomo. Está compuesta por

PROTONES:

* con carga eléctrica positiva
* su número determina la naturaleza del elemento

NEUTRONES: no tienen carga eléctrica

Los átomos en estado natural son eléctricamente neutros, porque tienen la misma cantidad de protones y electrones, pero pueden cargarse positiva o negativamente.

Los electrones libres se encuentran en la capa de valencia. Si se aumenta el potencial de esta capa, uno de los electrones de valencia abandona su átomo para pasarse al más cercano.

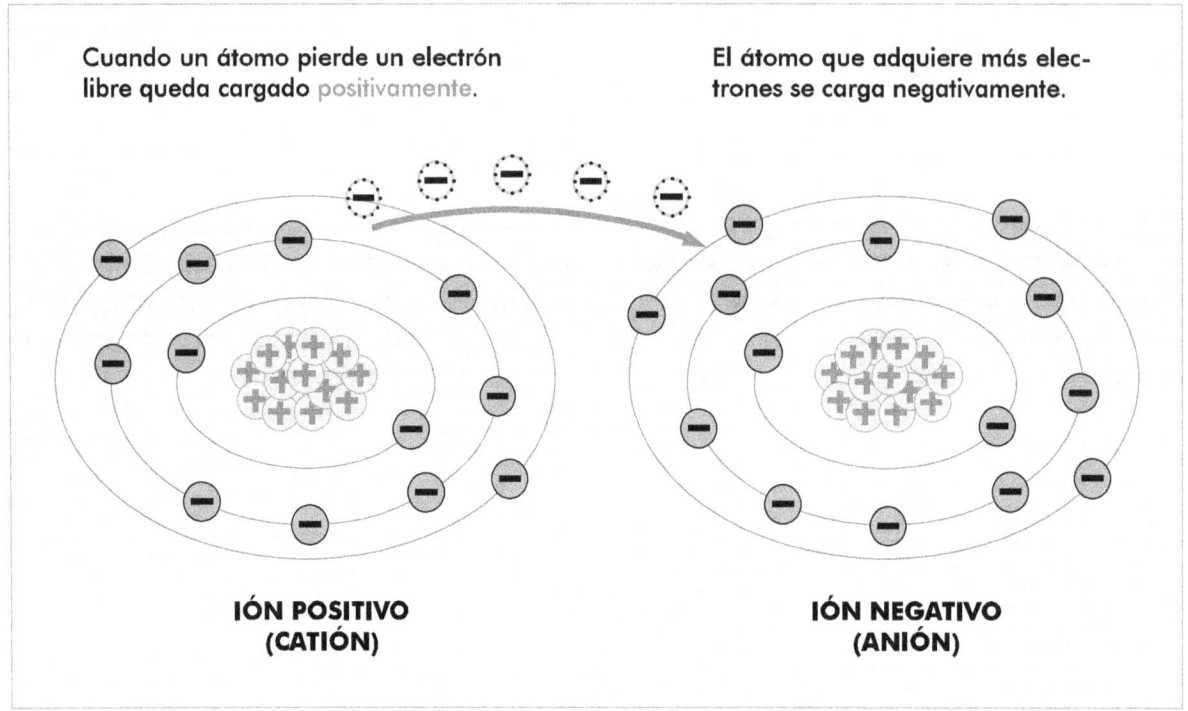

Cuando un átomo pierde un electrón libre queda cargado positivamente.

El átomo que adquiere más electrones se carga negativamente.

IÓN POSITIVO (CATIÓN)

IÓN NEGATIVO (ANIÓN)

Todos los cuerpos están compuestos por muchísimos átomos, por lo cual, en estado natural, son eléctricamente neutros, es decir sin carga eléctrica específica.

Si mediante algún sistema, por ejemplo frotamiento, un gran número de sus átomos se cargan eléctricamente, el cuerpo también quedará cargado eléctricamente: <u>si hay más cationes que aniones, el cuerpo quedará cargado positivamente, de lo contrario quedará cargado negativamente</u>.

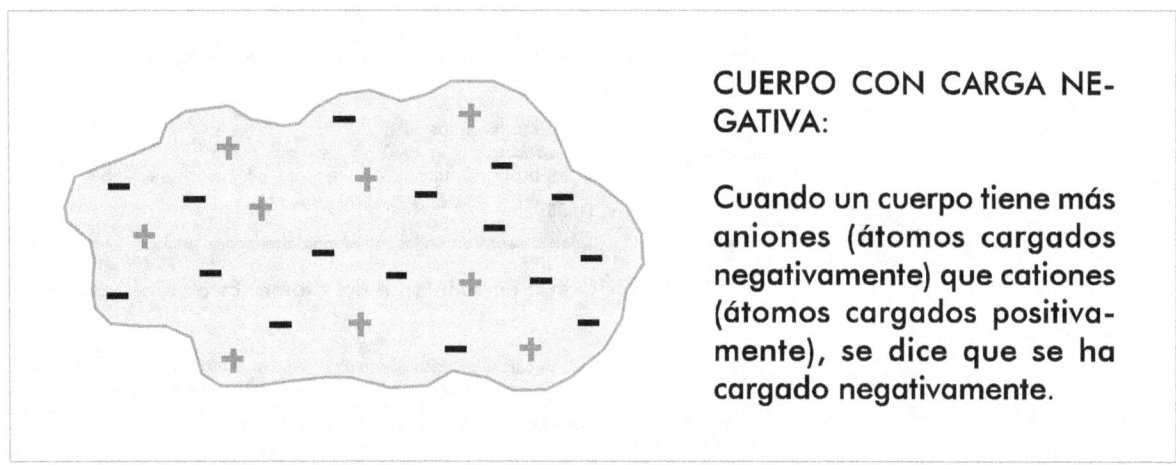

CUERPO CON CARGA NEGATIVA:

Cuando un cuerpo tiene más aniones (átomos cargados negativamente) que cationes (átomos cargados positivamente), se dice que se ha cargado negativamente.

LEY DE COULOMB

Dos cuerpos con igual carga eléctrica, positiva o negativa, se repelen.

Cuando dos cuerpos tienen cargas eléctricas diferentes, se atraen.

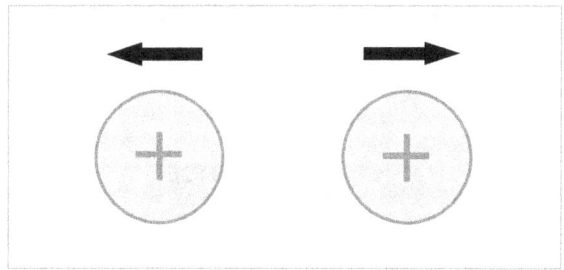

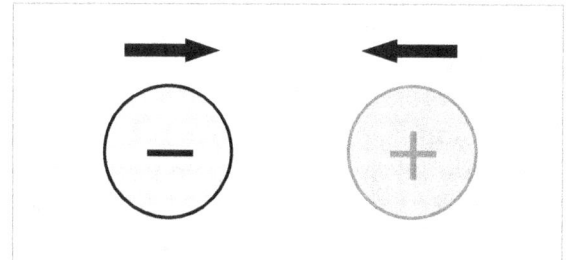

Este fenómeno, que se produce en los cuerpos cargados eléctricamente, dio origen a la formulación de la Ley de las cargas electrostáticas de Coulomb: «cargas eléctricas iguales se repelen y cargas eléctricas distintas se atraen».

CORRIENTE ELÉCTRICA

ES EL PASO DE ELECTRONES A TRAVÉS DE UN CONDUCTOR

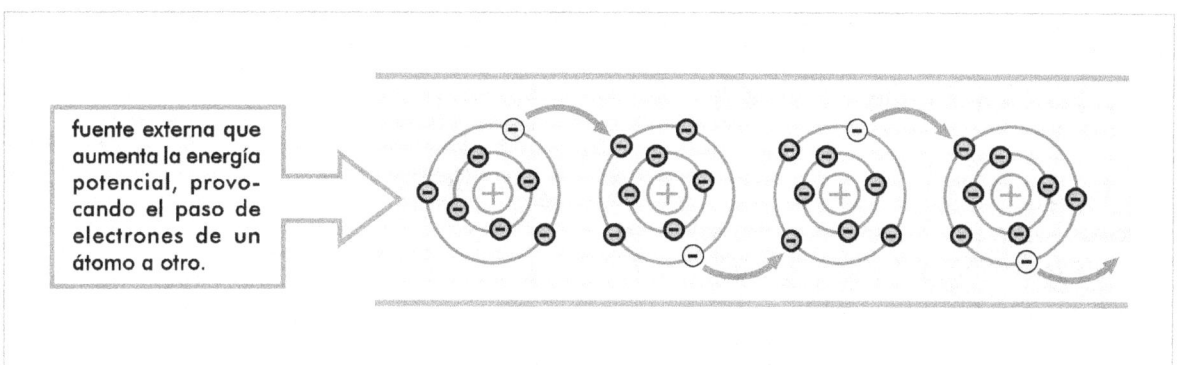

fuente externa que aumenta la energía potencial, provocando el paso de electrones de un átomo a otro.

La corriente eléctrica es transmisión de energía, por lo cual se desplaza aproximadamente a 300,000 Km por segundo, y debe existir necesariamente un circuito que permita este flujo constante de electrones, entre la fuente y una carga, donde la energía eléctrica se transforma en otras formas de energía: luz, calor, movimiento mecánico, etc.

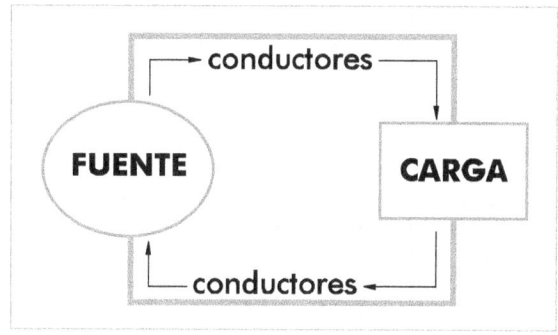

CONDUCTORES, AISLANTES Y SEMICONDUCTORES

Conductores: elementos en los cuales los electrones de valencia se liberan fácilmente de sus átomos porque son muy pocos. La mayor parte de los metales son buenos conductores, pero los que tienen un solo electrón libre son los mejores. Los más conocidos y usados son la plata, el cobre y el oro. Estos tres elementos tienen 1 electrón de valencia, sin embargo la plata es el mejor conductor, luego el cobre y finalmente el oro, debido a que en una misma cantidad de material, la plata tiene más átomos que los otros dos y por consiguiente hay un mayor número de electrones libres que pueden desplazarse.

Aislantes: materiales en los cuales los electrones de valencia se liberan con más dificultad de sus átomos. Cuantos más electrones libres tengan sus átomos (máximo 8) serán mejores aislantes. Los aislantes más usados no son elementos sino compuestos, como el vidrio, el plástico, la cerámica, etc.

Semiconductores: materiales cuyos átomos tienen 4 electrones de valencia. Conducen mejor que los aisladores, pero no tan bien como los conductores. Entre los semiconductores más usados se encuentran el germanio, el silicio y el selenio.

TEORÍA ELECTRÓNICA

Los electrones se desplazan siempre de un potencial negativo a un potencial positivo, de tal manera que para que exista corriente eléctrica debe haber necesariamente una diferencia de potencial, de la misma manera como para que se produzca flujo de agua entre un tanque y otro, debe darse un desnivel entre ambos, para que el agua del tanque superior pase al inferior.

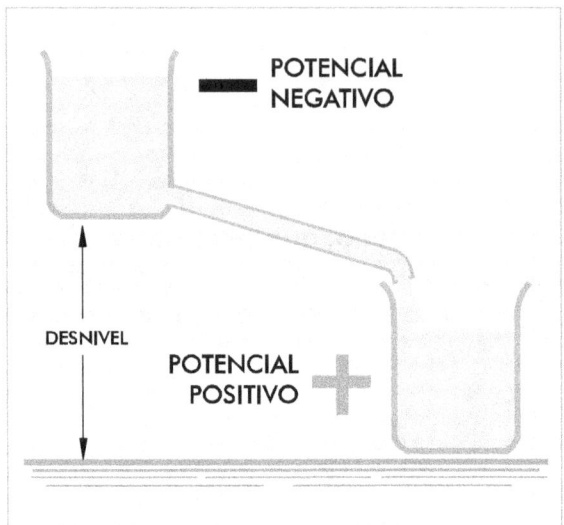

CLASES DE CORRIENTE ELÉCTRICA

CORRIENTE CONTINUA (C.C. ó DC): corriente eléctrica que no varía ni en magnitud ni en sentido. Su símbolo es ===.

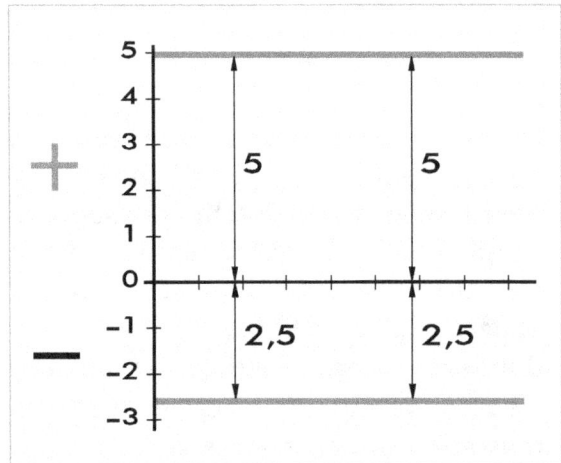

8

En la gráfica podemos ver que la corriente continua, durante todo su proceso de generación, no ha cambiado ni su magnitud (5 una y 2,5 la otra), ni su sentido (positiva la primera y negativa la segunda).

FORMAS DE PRODUCIR CORRIENTE ELÉCTRICA CONTINUA:

Una de las formas más usadas para producir corriente eléctrica continua es por reacción química, concretamente en las pilas y baterías. En ellas los electrones van del polo negativo al polo positivo.

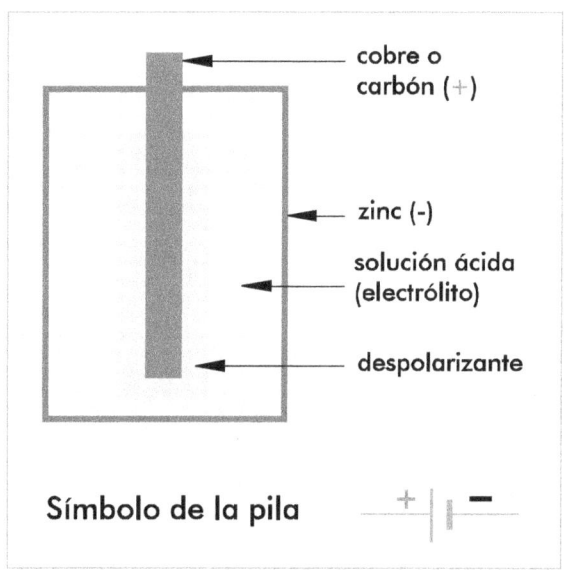

cobre o carbón (+)

zinc (-)

solución ácida (electrólito)

despolarizante

Símbolo de la pila   + | | ▬

Actualmente existen muchos tipos de pilas: las normales (en diferentes tamaños: AAA, AA, A) que se usan en las linternas, radios portátiles, walk-man, etc., las de mercurio (usadas especialmente en los relojes de pulso), las alcalinas, etc. Estas pilas, una vez que han agotado su carga deben desecharse.

Las «pilas» que tienen 3V o 9V (u otros valores diferentes de 1,5V) en realidad no son pilas sino baterías (varias pilas conectadas en serie), como las que se usan normalmente en los automotores.

Basados en el principio empleado por Alejandro Volta, en la fabricación de la primera pila eléctrica, es posible construir una pila empleando elementos alcalinos o salinos. Veamos un ejemplo sencillo: se toma un limón y dos pedazos de metales diferentes, en lo posible cobre y zinc, que se introducen debidamente separados en el limón . El cobre será el polo positivo y el zinc el polo negativo. Dependiendo de la acidez del limón y la calidad del cobre y zinc, se obtendrá mayor o menor cantidad de corriente eléctrica. La corriente que se genera es posible medirla con un multímetro. Con un poco de suerte se puede lograr incluso que se encienda un bombillo, de los que se emplean en las linternas para una sola pila. El problema que se presenta es que el cobre se polariza rápidamente, impidiendo que los electrones sigan fluyendo, por lo cual hay que retirar el cobre, limpiarlo e introducirlo nuevamente en el limón.

Encontramos también las pilas recargables, muy parecidas a las anteriores, las cuales una vez que se han descargado por el uso, es posible recargarlas con unos aparatos (cargadores) especialmente diseñados para este fin. Es necesario insistir mucho que las pilas recargables deben estar claramente identificadas como tales y los cargadores deben ser los adecuados, ya que no todas estas pilas se pueden recargar con el mismo cargador.

Existen algunos elementos, llamados piezoeléctricos, que sirven para producir electricidad al presionarlos. Actualmente se usan mucho en los encendedores de las estufas a gas.

También puede producirse corriente continua empleando campos magnéticos. Estos aparatos se llaman generadores

CORRIENTE ALTERNA (C.A. ó A.C.): corriente eléctrica que <u>varía a intervalos periódicos en magnitud y sentido</u>. Su símbolo es $\sim$.

El cambio de sentido y dirección depende de la forma cómo se genera la corriente alterna: una bobina gira en el interior de un campo magnético, de manera que cada onda o sinusoide corresponde a un giro (revolución) completo de dicha bobina.

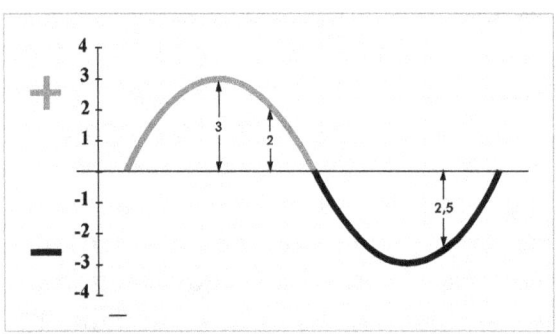

En la actualidad la corriente alterna es la más usada (alrededor del 90%) por las innumerables ventajas que ofrece: mayor facilidad para su transformación, transmisión y distribución; es más económica; tiene más versatilidad para algunas aplicaciones, especialmente cuando no pueden realizarse con corriente continua, etc.

SISTEMAS DE GENERACIÓN DE A.C. MÁS USADOS

MONOFÁSICO:

La corriente eléctrica es generada por la rotación de una sola bobina. Para usarla se requieren dos conductores (bifilar): una fase y un neutro.

Por esta razón los sistemas usados en las residencias como monofásicos, en realidad no lo son, sino que son parte del sistema trifásico tetrafilar.

BIFÁSICO:

La corriente eléctrica es generada por la rotación de dos bobinas desfasadas entre sí 90°. Para usarla se requieren dos conductores (bifilar), pero a diferencia del sistema monofásico, los dos conductores son únicamente para las fases.

MONOFÁSICO TRIFILAR:

Se obtiene del secundario del transformador. Se tienen tres conductores: las fases se toman de los extremos y el neutro del punto medio del transformador, así la tensión entre fases es el doble de la tensión entre una fase y el neutro.

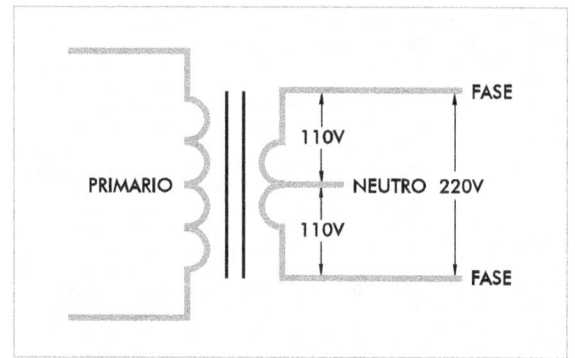

TRIFÁSICO:

La corriente eléctrica es generada por la rotación de tres bobinas desfasadas entre sí 120°.

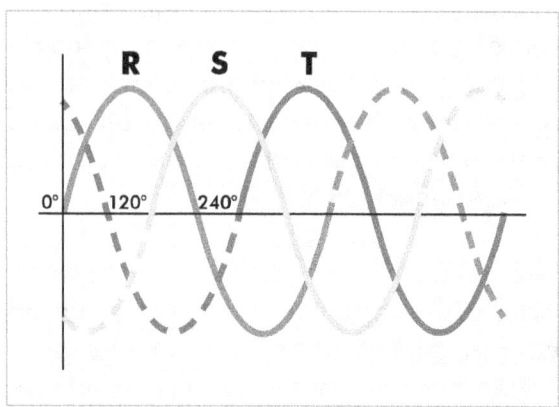

Dependiendo de la forma como se conecten las bobinas es posible obtener un sistema **trifilar o tetrafilar.**

El sistema más usado es el tetrafilar: tres fases (R-S-T) y el neutro (N), que se obtiene uniendo entre sí los tres finales de las bobinas (de donde saldrá el neutro) y dejando libres los principios, como puede apreciarse en el diagrama que tenemos al lado.

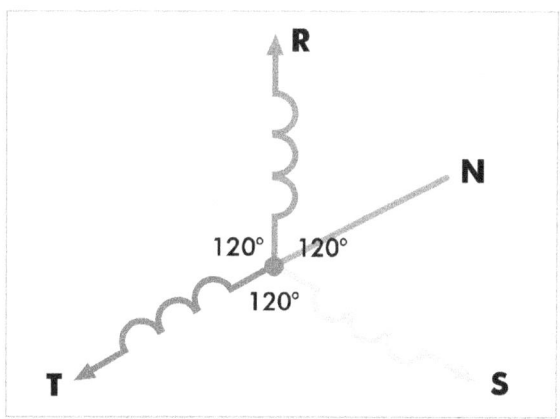

CARACTERÍSTICAS GENERALES DE LA CORRIENTE ALTERNA

CICLO: variación completa de la tensión y/o corriente de 0 (la bobina no gira y por tanto no corta líneas de fuerza) a un valor máximo positivo (la bobina empieza a girar hasta cortar un máximo de líneas de fuerza, coincidiendo el sentido de giro con el sentido que siguen las líneas de fuerza) y luego a 0 (cuando la bobina completa medio giro deja de cortar líneas de fuerza), de éste a un valor máximo negativo (la bobina sigue girando hasta cortar nuevamente un máximo de líneas de fuerza, pero ahora el sentido de giro de la bobina es opuesto al sentido que siguen las líneas de fuerza) y finalmente de nuevo a 0 (completando la bobina un giro).

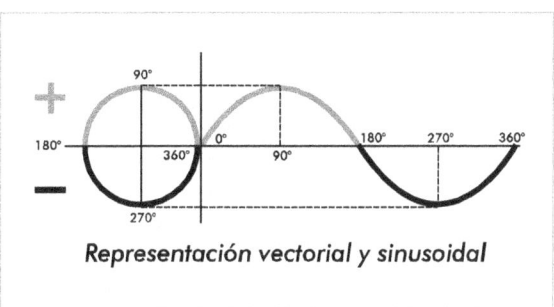

Representación vectorial y sinusoidal

FRECUENCIA (f): número de ciclos que se producen en un segundo (cps). Su unidad es el hertz (Hz), que equivale a un ciclo (un giro completo de la bobina) por segundo. Se representa con la letra f.

Actualmente las frecuencias eléctricas más usadas en Europa y América son 50 Hz y 60 Hz. En Colombia la frecuencia usada es 60 Hz.

PERÍODO (T): tiempo necesario para que un ciclo se repita. Se mide en segundos y se representa con la letra T. El valor del período es inverso al de la frecuencia:

$$T = 1/f \quad \text{ó} \quad f = 1/T$$

LONGITUD DE ONDA (λ): distancia (en línea recta) que puede recorrer la corriente en el tiempo que dura un ciclo completo.

La longitud de onda es igual a la velocidad de la corriente eléctrica dividida entre la frecuencia:

$$\lambda = \frac{300.000 \ Km/seg}{f}$$

AMPLITUD: distancia que hay entre 0 y un valor máximo (positivo o negativo). En otras palabras es el valor máximo que alcanza la corriente o tensión.

FASE: relación de tiempo entre ondas que representan tensiones, corrientes o tensiones y corrientes, independientemente de sus magnitudes.

11

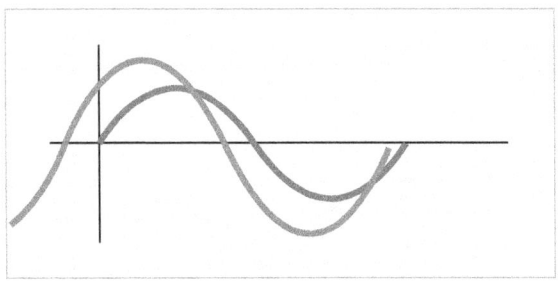

misma amplitud) están defasadas cuando sus valores máximos no se producen al mismo tiempo.

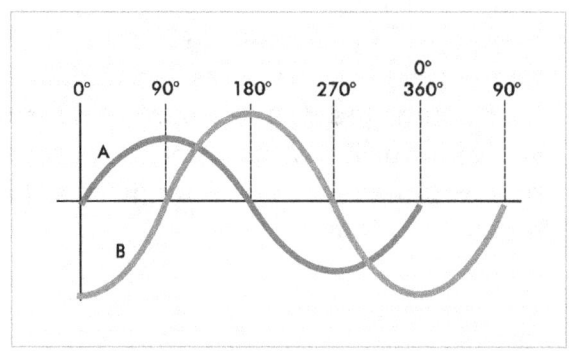

ONDAS EN FASE: cuando comienzan y terminan al mismo tiempo, o bien cuando sus valores máximos se producen simultáneamente.

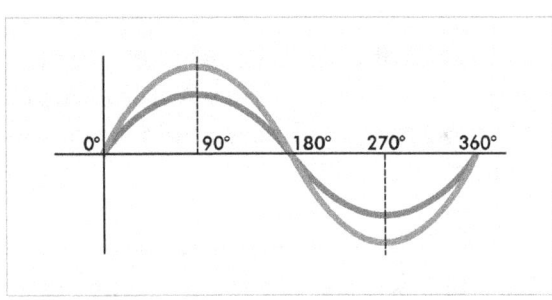

El defasaje que se da entre dos o más ondas depende del retraso o adelanto de una onda con respecto a la otra.

Generalmente se mide en grados, para una mayor precisión.

En el gráfico vemos que la onda B está adelantada 90° a la onda A, o bien que la onda A está retrasada 90° con relación a la onda B.

DEFASAJE O DIFERENCIA DE FASES: se dice que dos ondas (que tienen la misma longitud, no necesariamente la

VALORES DE LA CORRIENTE ALTERNA

INSTANTÁNEO:

Valor que tiene la corriente o tensión en un instante determinado, por lo que una onda tiene infinito número de valores instantáneos.

MÁXIMO O PICO:

Es el valor instantáneo más alto que puede alcanzar la corriente y/o tensión en un semiciclo. Por consiguiente toda onda tendrá dos valores máximos: uno positivo y otro negativo.

Este valor debemos tenerlo muy en cuenta por lo siguiente:

Seguridad: aún cuando el valor máxi-

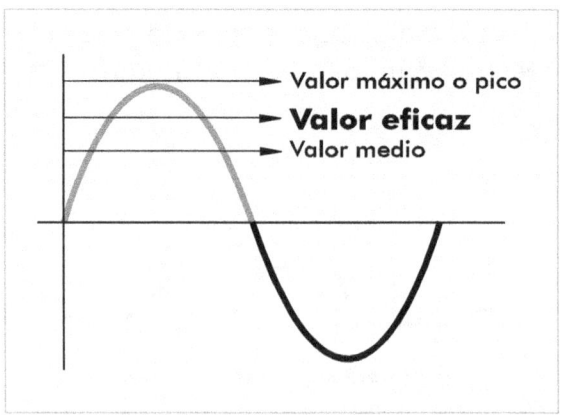

mo se produce solamente dos veces por cada ciclo, puede ofrecer enormes riesgos para la integridad personal, por los altos valores que alcanza con relación al valor de la corriente o voltaje que se consideran normalmente.

Por ejemplo el valor pico para una tensión de 120 V es de 170 V y para una tensión de 208 V es de 294 V, que como puede apreciarse claramente, son valores que están muy por encima de los valores que se toman en cuenta y por consiguiente son más peligrosos.

Aislamiento: al considerar el aislamiento de un conductor se debe tener en cuenta el valor máximo, porque en realidad soportará tensiones mucho más altas (aún cuando esto suceda sólo por momentos) en un circuito con A.C. y que podrían perforar el material aislante.

MEDIO O PROMEDIO:

Es el promedio de todos los valores instantáneos de medio ciclo. Es igual al valor máximo por 0,637.

Se toma en cuenta sólo medio ciclo, porque si se tomara en cuenta un ciclo completo el promedio sería 0.

EFECTIVO, EFICAZ O CUADRÁTICO MEDIO (r.c.m.):

El valor eficaz de una tensión o corriente alterna es aquel que, en un circuito puramente resistivo, produce la misma cantidad de calor que la producida por una corriente continua que tiene un valor equivalente. Se obtiene dividiendo el valor pico entre 1,41 o bien multiplicándolo por 0,707. De igual forma es posible obtener el valor pico multiplicando el valor eficaz por 1,41 o dividiéndolo por 0,707.

Por ejemplo si la E pico es 170 V, la E eficaz será: 170 V x 0,707 = 120,19 V.

Es el valor más importante, ya que cuando se habla normalmente de ciertos valores de tensión o corriente, se hace referencia al valor eficaz. De la misma forma, los instrumentos de medición están construidos para medir valores eficaces.

MAGNITUDES ELÉCTRICAS FUNDAMENTALES

Si bien es cierto que existen muchas magnitudes para poder medir la corriente eléctrica, aquí veremos solamente las básicas o fundamentales.

INTENSIDAD, amperaje o simplemente corriente (I): es la cantidad de electrones que circula por un conductor en unidad de tiempo. La unidad que se emplea para medir esta magnitud es el amperio.

AMPERIO (A): el paso de un columbio ($6,28 \times 10^{18}$ electrones) en un segundo, a través de un conductor.
Como esta unidad básica no siempre es la más adecuada, porque se pueden tener corrientes muy grandes o muy pequeñas, de manera que con el amperio se dificultaría medirlas, existen otras unidades, llamadas múltiplos y submúltiplos. Veamos las más usadas:

Múltiplos:

Kiloamperio (kA): equivale a 1.000 A.

$$kA = 1.000A = 10^3 A$$

Submúltiplos:

Miliamperio (mA): equivale a la milésima parte de un amperio.

$$mA = 0,001 A = 10^{-3} A$$

Microamperio (μA): equivale a la millonésima parte de un amperio.

$$μA = 0,000001 \ A = 10^{-6} \ A$$

MEDICIÓN DE LA CORRIENTE

Para poder medir la corriente es necesario tener un circuito cerrado, de manera que la corriente pueda circular por el mismo.

La medición se realiza con el **amperímetro** o la **pinza amperométrica**. Si se usa el **multímetro** debe estar seleccionado como amperímetro.

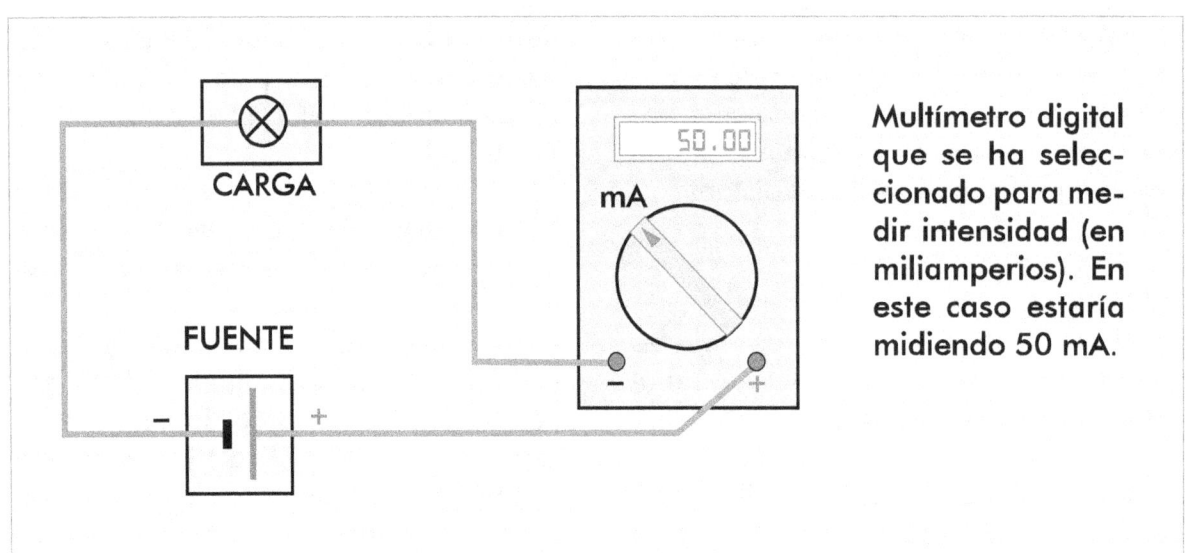

Multímetro digital que se ha seleccionado para medir intensidad (en miliamperios). En este caso estaría midiendo 50 mA.

Para conectar el instrumento, se corta o interrumpe solamente uno de los conductores que va de la fuente a la carga, conectando los extremos obtenidos al amperímetro. Al conectar el instrumento, cuando se va a medir <u>corriente continua</u>, es necesario tener presente la polaridad de la fuente y del instrumento: <u>positivo con positivo y negativo con negativo</u>.

Si se va a medir corriente alterna no se necesita tener en cuenta la polaridad.

En el tema de los instrumentos de medición se verá ampliamente la forma de usarlos correctamente.

TENSIÓN, diferencia de potencial o fuerza electromotriz (E ó U).

Sobre el término en sí y su definición existen diversas precisiones: La F.E.M. se refiere más a la energía entregada por una fuente, mientras que la tensión tiene más relación con la diferencia entre los potenciales de dos puntos de un circuito. Con esta aclaración debemos tratar de entender los conceptos que se emiten a continuación.

TENSIÓN es la diferencia de los potenciales que existe en los extremos de una carga eléctrica o entre dos conductores. Cuando se emplea corriente alterna **trifásica tetrafilar**, es necesario tener presente que se originan dos tipos de tensiones:

TENSIÓN DE LÍNEA o tensión compuesta (E_L): es la diferencia de potencial entre dos conductores de línea o entre fases (RS - RT - ST).

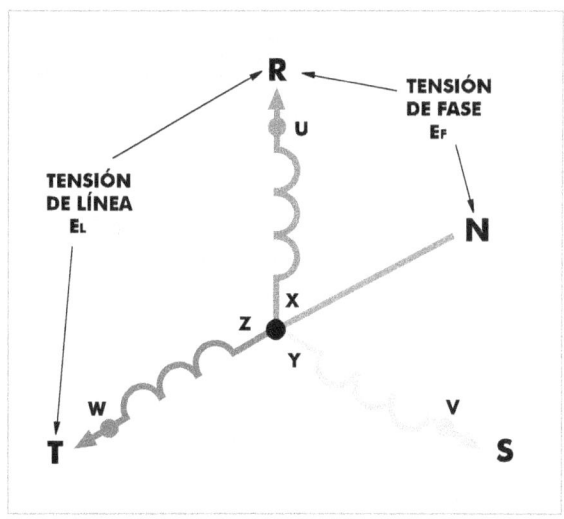

$$\text{Cos } 30° = \sqrt{3} / 2$$

$$E_L = 2 \text{ Cos } 30° \ E_F$$

$$E_L = 2 (\sqrt{3} / 2) \ E_F$$

$$E_L = \sqrt{3} \ E_F \quad \text{o} \quad \text{bien}$$

$$E_F = E_L / \sqrt{3}$$

de modo que la tensión de línea será $\sqrt{3}$ veces mayor que la tensión de fase y a su vez la tensión de fase será $\sqrt{3}$ veces menor que la tensión **de línea.**

TENSIÓN DE FASE o tensión simple (E_F): es la diferencia de potencial que hay entre un conductor de línea o fase y el neutro (RN - SN - TN).

El valor de la tensión de línea y el de la tensión de fase están estrechamente relacionados entre sí. En efecto:

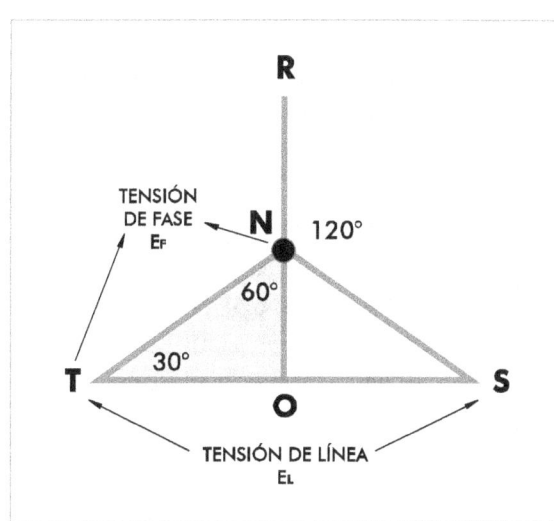

Si en el triángulo TSN:

$$TS = E_L \qquad TN = SN = E_F$$

$$TS = TO + OS$$

$$TO = OS$$

$$E_L = 2 \ TO$$

$$TO = \text{Cos } 30° \ TN$$

$$TO = \text{Cos } 30° \ E_F$$

La unidad que se emplea para medir esta magnitud es el **voltio**.

VOLTIO (V): es la diferencia de potencial que causa el paso de un columbio para producir un julio de trabajo. En otros términos, voltio es la diferencia de potencial eléctrico que existe entre dos puntos de un circuito, por el cual, cuando la potencia desarrollada es de un vatio, circula una corriente de un amperio.

Como la unidad básica no siempre es la más adecuada, porque se pueden tener tensiones muy grandes o muy pequeñas y que con el voltio se dificultaría medirlas, existen otras unidades que permiten una fácil y correcta medición. Veamos las más usadas:

Múltiplos:

Kilovoltio (kV): equivale a 1.000 V
$$kV = 1.000 \ V = 10^3 \ V$$
Megavoltio (MV): equivale a 1'000.000 V
$$MV = 1'000.000 \ V = 10^6 \ V$$

Submúltiplos:

Milivoltio (mV): equivalente a la milésima parte de un voltio
$$mV = 0,001 \ V = 10^{-3} \ V$$

microvoltio (μV): es equivalente a la millonésima parte de un voltio

$$\mu V = 0{,}000001\ V = 10^{-6}\ V$$

MEDICIÓN DE LA TENSIÓN

Para poder medir la tensión en un circuito se emplea el **voltímetro** o el **multímetro**, si se selecciona como voltímetro.

La tensión se mide fundamentalmente en la fuente, por lo cual no es necesario tener un circuito, pero si se tiene es posible medir la tensión que llega a cada una de las cargas del circuito.

Si la medición se realiza **con corriente continua se toma en cuenta la polaridad**, en cambio si es con corriente alterna no.

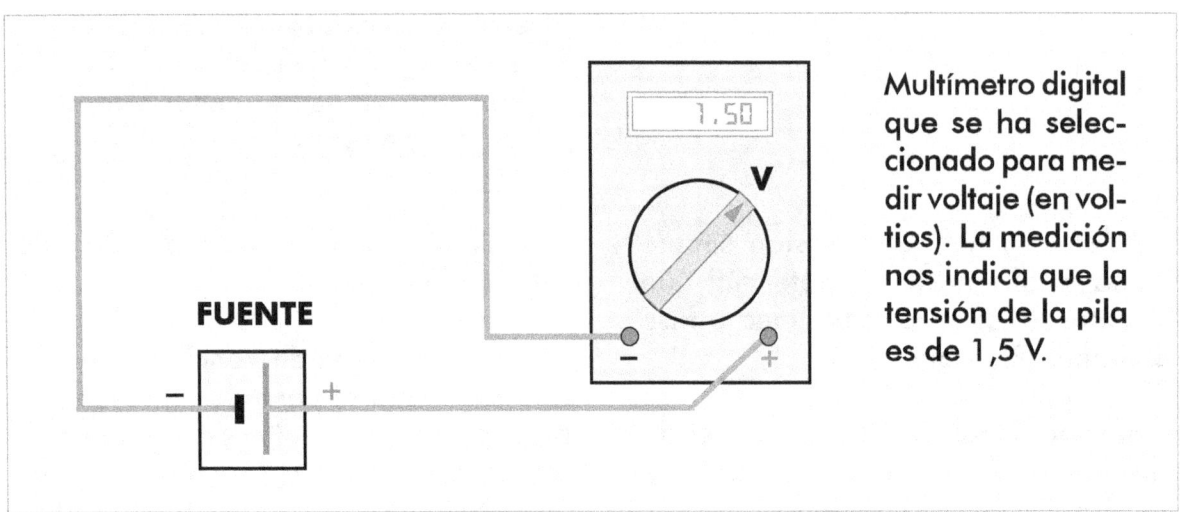

Multímetro digital que se ha seleccionado para medir voltaje (en voltios). La medición nos indica que la tensión de la pila es de 1,5 V.

RESISTENCIA (R), es la oposición o dificultad que ofrece un conductor al paso de la corriente. La unidad que se emplea para medir esta magnitud es el ohmio.

FACTORES QUE AFECTAN LA RESISTENCIA DE UN CONDUCTOR

LONGITUD DEL CONDUCTOR (L): La resistencia y la longitud del conductor son directamente proporcionales, es decir que cuanto más largo sea un conductor presentará mayor oposición al paso de la corriente.

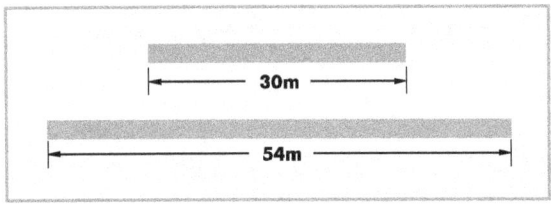

De los dos conductores, el de 54 m ofrecerá mayor resistencia que el de 30m, al paso de la corriente.

SECCIÓN DEL CONDUCTOR (S): la resistencia y la sección, grosor o más conocido como calibre del conductor, son inversamente proporcionales, es decir que cuanto más grueso sea un conductor, presentará menor oposición al paso de la corriente.

De los dos conductores, el delgado ofrecerá mayor resistencia, al paso de la corriente, que el grueso.

COEFICIENTE DE RESISTIVIDAD (ρ): es la resistencia específica que ofrece un material dependiendo de su estructura física o naturaleza. Se expresa como un valor numérico constante, el cual es directamente proporcional a la resistencia. Su valor se da en ohmios por metro por milímetro cuadrado de sección. Veamos dos ejemplos muy usados:

para el cobre es de 0,0172 $\dfrac{\Omega}{m/mm^2}$

y del aluminio es de 0,028 $\dfrac{\Omega}{m/mm^2}$

La relación entre la resistencia, longitud, sección y coeficiente de resistividad se expresan matemáticamente de la siguiente manera:

$$R = \rho \frac{L}{S}$$

TEMPERATURA: normalmente con el incremento de la temperatura aumenta la resistencia de los conductores. Sin embargo se encuentran materiales en los cuales, al aumentar la temperatura disminuye la resistencia. Es decir que, para algunos materiales, la resistencia y la temperatura son directamente proporcionales, y para otros materiales son inversamente proporcionales.

Este comportamiento variable da origen a las termorresistencias o termistores.

• **Resistencias NTC** (coeficiente negativo de temperatura): son elementos en los cuales la resistencia baja rápidamente al aumentar la temperatura.

• **Resistencias PTC** (coeficiente positivo de temperatura): son elementos con un coeficiente de temperatura muy positivo, dentro de un margen de temperatura determinado, fuera del cual el coeficiente puede ser cero o incluso negativo. En general al aumentar la temperatura aumenta también la resistencia.

LUZ: existen elementos denominados fotorresistencias cuya resistencia varía al cambiar las condiciones luminosas del ambiente. El valor de la resistencia disminuye a medida que aumenta la luz.

TENSIÓN: materiales llamados VDR en los cuales el valor de la resistencia disminuye cuando se les aplica determinada tensión.

OHMIO (Ω): es la resistencia que ofrece una columna de mercurio de 106,3cm de longitud y 1 mm^2 de sección al paso de la corriente.

Múltiplos:

kilohmio (kΩ): es equivalente a 1.000Ω= 10^3 Ω

megohmio (MΩ): equivalente a 1'000.000 Ω = 10^6 Ω

Submúltiplos:

en la práctica no se emplean por cuanto el ohmio es un unidad muy pequeña.

RESISTENCIAS DE CARBÓN

O resistores son elementos muy usados en la actualidad, especialmente en electrónica. Su valor está dado por unas bandas de colores (normalmente 4), conocido como código de colores:

negro	0	azul	6
café	1	violeta	7
rojo	2	gris	8
naranja	3	blanco	9
amarillo	4	dorado	± 5%
verde	5	plateado	± 10%

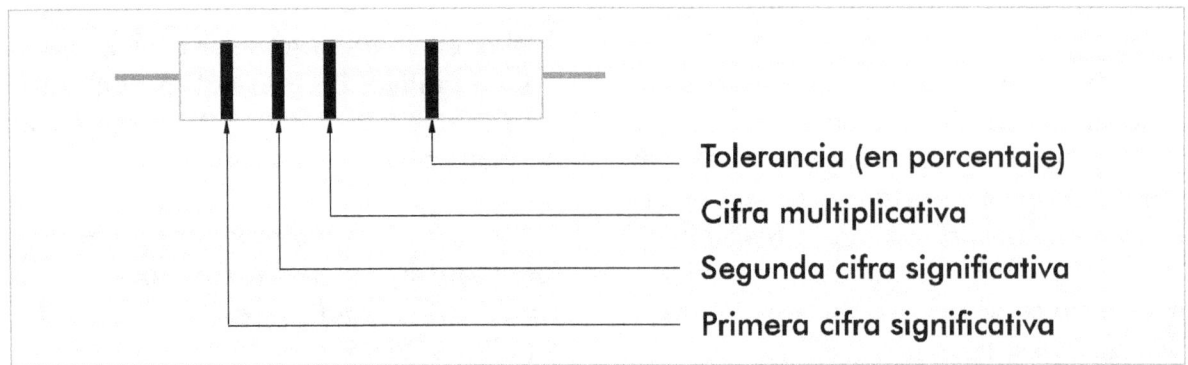

Tolerancia (en porcentaje)

Cifra multiplicativa

Segunda cifra significativa

Primera cifra significativa

Para conocer el valor de la resistencia se coloca la primera cifra significativa, luego se yuxtaponen (a la derecha) en primer lugar la segunda cifra significativa y a continuación tantos ceros como indique la cifra multiplicativa. El valor real de la resistencia deberá estar dentro del margen dado por el porcentaje de la banda de tolerancia. Veamos un ejemplo:

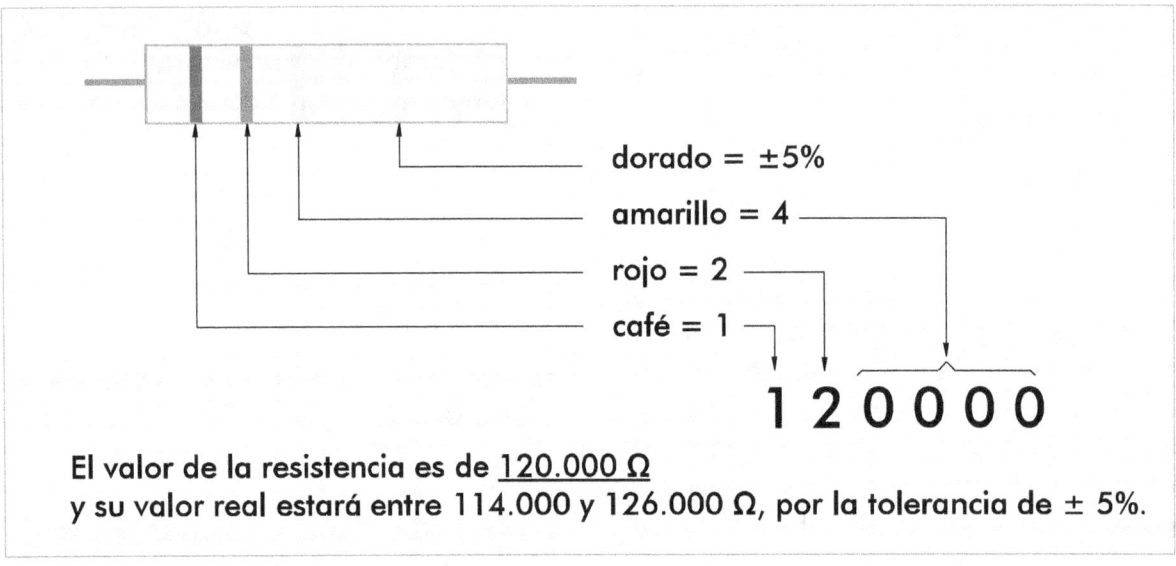

dorado = ±5%

amarillo = 4

rojo = 2

café = 1

1 2 0 0 0 0

El valor de la resistencia es de <u>120.000 Ω</u>
y su valor real estará entre 114.000 y 126.000 Ω, por la tolerancia de ± 5%.

RESISTENCIAS VARIABLES

Son las resistencias cuyo valor puede cambiarse de acuerdo a la necesidad. Más específicamente se conocen como <u>potenciómetros</u> y <u>reóstatos</u>. Generalmente las resistencias variables constan de un elemento de resistencia circular, sobre el cual se hace deslizar un contacto móvil o cursor, por medio de un eje y una perilla, para ir variando la resistencia, cuyo valor está dado por la resistencia máxima entre el punto móvil y cada uno de sus respectivos extremos, o entre los dos extremos del mismo.

Potenciómetros: son las resistencias variables que tienen sus tres terminales conectados al circuito.

Reóstatos: son las resistencias variables que usan el terminal central, correspondiente al elemento móvil y sólo uno de los extremos.

Según su construcción y apariencia exterior, las resistencias variables se dividen en: normales, con interruptor, en tandem, rectas, miniatura.

Para medir la resistencia de una carga es necesario que ésta no tenga ninguna tensión, por tanto el circuito debe estar completamente desenergizado.

La medición se realiza con un instrumento llamado **óhmetro** o un **multímetro** seleccionado como óhmetro.

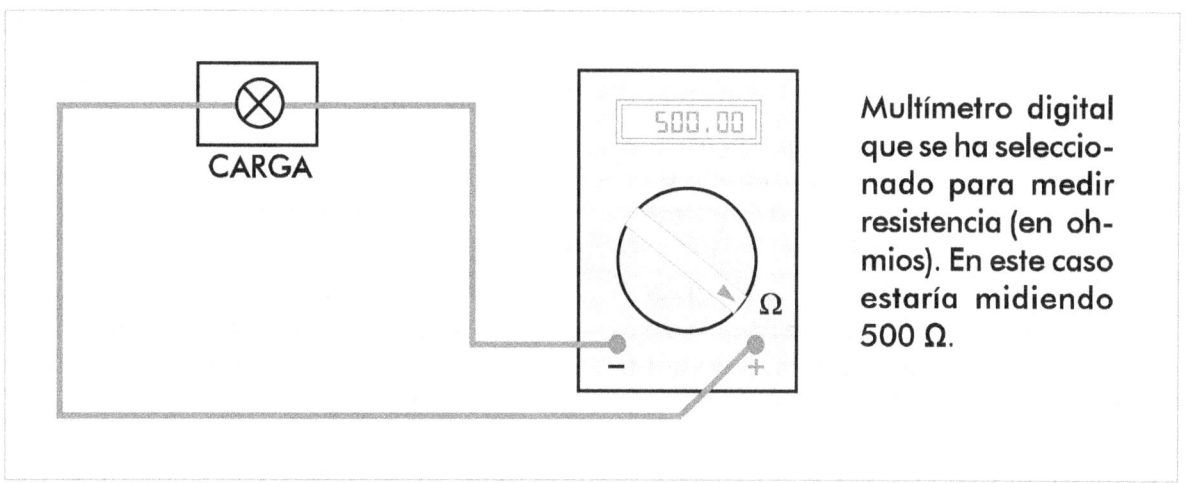

Multímetro digital que se ha seleccionado para medir resistencia (en ohmios). En este caso estaría midiendo 500 Ω.

INSTRUMENTOS DE MEDICIÓN

Existe una gran variedad de instrumentos de medición de la corriente eléctrica, por lo cual veremos algunos aspectos fundamentales, que complementen lo visto hasta ahora, para saber de qué se tratan y sobre todo cómo usarlos.

CLASIFICACIÓN SEGÚN SU PRINCIPIO DE FUNCIONAMIENTO

ANÁLOGOS

ELECTROMAGNÉTICOS O DE BOBINA MÓVIL: estos instrumentos tienen una pequeña bobina, la cual está situada en la parte interna del campo magnético producido por un imán permanente. Al circular la corriente por dicha bobina se genera otro campo magnético que reacciona con el del imán, haciéndola girar sobre su eje. El giro de la bobina, y el de la aguja que se encuentra unida a ésta, es proporcional a la corriente que circula por la bobina.

Los resortes, unidos a los extremos de la bobina, cumplen una doble función: por un lado sirven como conductores de entrada y salida a la bobina, y por otro, debido a que están dispuestos en sentidos contrarios, sirven para amortiguar las oscilaciones del conjunto móvil.

Las carácterísticas más sobresalientes de estos aparatos son:

Estos instrumentos sirven únicamente para medir corriente continua. Si se quiere medir corriente alterna deben llevar un rectificador, el cual transforme la corriente alterna en continua.

Solamente los galvanómetros se construyen para funcionar en los dos sentidos, porque el cero se encuentra en el centro de la escala, de manera que la aguja

19

puede desplazarse hacia la derecha o hacia la izquierda, de acuerdo al sentido de la corriente.

Se consiguen aparatos exactos y sensibles.

DE HIERRO MÓVIL: en estos instrumentos, al circular la corriente por la bobina que tienen en su parte interior, se crea un campo magnético, el cual imana en el mismo sentido las dos placas que están en el interior de la bobina, de tal manera que ambas se repelerán con mayor o menor fuerza, según la intensidad de la corriente que circula por ella. Solamente una placa es móvil, la cual al moverse hará girar el eje, y por tanto el índice o aguja.

Características sobresalientes de estos instrumentos:

• Estos instrumentos pueden medir corriente continua y corriente alterna, ya que las dos placas o chapas, al imanarse en el mismo sentido, siempre se repelen.

• Son más robustos y económicos que los electromagnéticos o de bobina móvil, pero al mismo tiempo menos sensibles que éstos.

• Por las razones anteriores es el sistema más usado para la construcción de amperímetros y voltímetros industriales, que normalmente no necesitan ser muy precisos.

ELECTRODINÁMICOS: el principio de funcionamiento de estos instrumentos es el mismo de los electromagnéticos, con la diferencia de que en lugar de un imán permanente tienen otra bobina, de manera que el campo magnético fijo y móvil es producido por la misma

corriente que se va a medir.

Las características sobresalientes de estos instrumentos son:

• Por la sensibilidad que poseen se catalogan como instrumentos intermedios entre los electromagnéticos y los de hierro móvil.

• Si se invierte el sentido de la corriente, se invierte también el sentido del campo de las dos bobinas, de manera que la repulsión de ambos permanece inalterable. Por este motivo es que pueden usarse tanto con AC como con DC.

Como voltímetros y amperímetros son más precisos que los de hierro móvil, pero más costosos, por lo que se utilizan únicamente en mediciones de laboratorio.

Una de las aplicaciones más importantes que encontramos es en la construcción de los vatímetros y contadores.

DIGITALES

Son instrumentos que se construyen empleando tecnología electrónica.

Algunas características de estos instrumentos:

• El valor de la medición se da en forma numérica.

• Al igual que en los instrumentos análogos, encontramos instrumentos de una gran precisión e instrumentos que son menos precisos.

• Normalmente estos instrumentos son más delicados y requieren mayor cuidado que los análogos.

CLASIFICACIÓN SEGÚN LA MEDICIÓN QUE PUEDEN REALIZAR

AMPERÍMETROS

Instrumentos que se usan para medir específicamente intensidades o corrientes, por lo cual se conectan únicamente en serie con la carga, cuidando que el positivo quede conectado con el positivo y el negativo con el negativo, si la corriente es continua.

Si se va a medir corriente alterna **no se toma en cuenta la polaridad.**

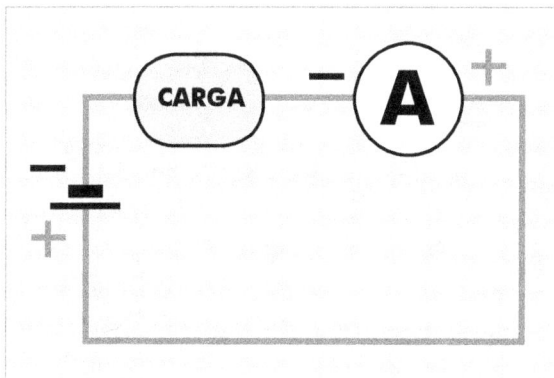

Una variedad del amperímetro es la **pinza amperométrica, que se usa especialmente con corriente alterna.**

- Al usar la pinza amperométrica tengamos en cuenta lo siguiente:

- No se necesita interrumpir el circuito, sólo se abre la pinza para introducir el conductor en ella.

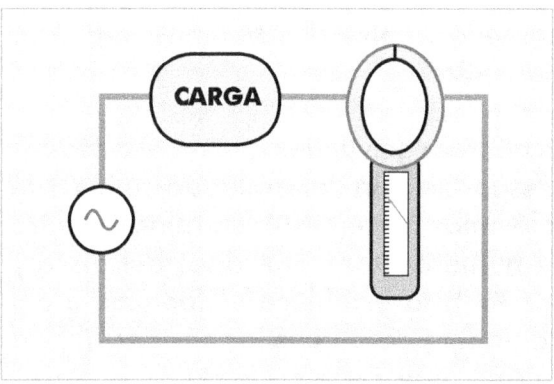

- Se debe medir la corriente en un solo conductor a la vez.

- Tratar de que el conductor quede perpendicular al instrumento.

VOLTÍMETROS

Instrumentos que se usan para medir específicamente tensiones o voltajes, por lo cual se conectan en paralelo con la fuente o con la carga **cuya tensión de alimentación se quiere medir.**

Al igual que en los amperímetros se toma en cuenta la polaridad, solamente cuando se mide corriente continua.

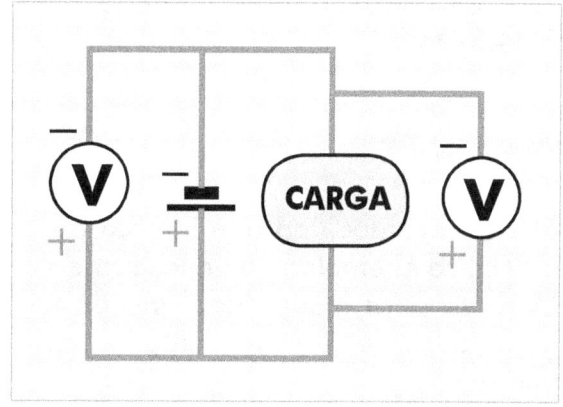

ÓHMETROS

Son instrumentos que usados para medir la resistencia eléctrica de los conductores, de las cargas y de los resistores.

Antes de conectarlos es necesario desenergizar completamente el circuito de toda tensión exterior.

El óhmetro se conecta en paralelo con el elemento cuya resistencia se quiere medir y en ningún caso interesa la polaridad.

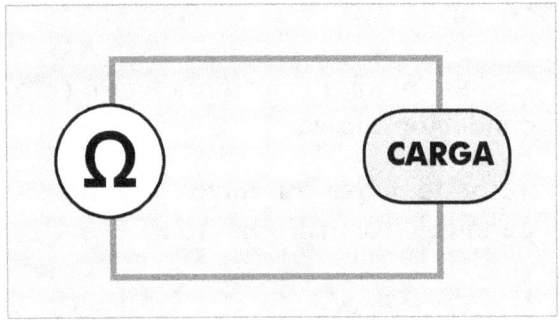

Es muy común el uso del óhmetro para medir continuidad, es decir para ver si el circuito está o no interrumpido.

Una variedad del óhmetro, empleado en instalaciones residenciales, es el megger o megóhmetro, que sirve para determinar si el aislamiento de los conductores entre sí, o con tierra, es el correcto y evitar de esta manera posibles fugas de corriente, daños y accidentes posteriores.

MULTÍMETROS

Ante la incomodidad que implica para un técnico el empleo de un instrumento diferente para medir cada una de las magnitudes, se han construido los multímetros.

Estos instrumentos tienen un solo mecanismo para medir las diferentes magnitudes, en variados rangos, mediante la elección de una función particular, ya sea por medio de un selector o la colocación de unos terminales específicos para cada función y rango.

En el mercado se encuentra una gran variedad de multímetros, tanto análogos como electrónicos o digitales, no sólo por la precisión con que se puede medir, sino también por la cantidad de magnitudes que se pueden medir. Naturalmente que estos aspectos influyen en el precio.

VATÍMETROS

Instrumentos que se usan para medir la potencia eléctrica, sin tener en cuenta el tiempo de consumo.

Básicamente está compuesto por dos bobinas: una conectada en serie, para medir la corriente, y otra conectada en paralelo, para medir la tensión. La acción combinada de ambas, a través de una aguja o índice, nos da el valor de la potencia.

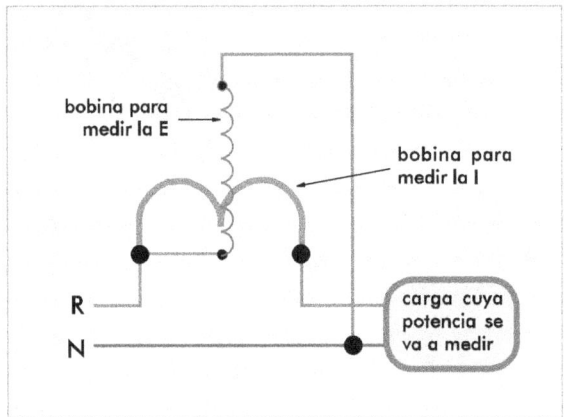

CONTADORES

Instrumentos que sirven para medir el consumo de energía eléctrica, durante el tiempo de funcionamiento de una determinada carga. Se fundamentan en los vatímetros.

El contador se diferencia del vatímetro por llevar un disco que gira (inducido del contador) entre dos bobinas, en lugar del índice.

El número de vueltas que da el disco corresponde a un determinado número de kilovatios hora (KWh). La relación entre el número de revoluciones del disco y los KWh la establece el fabricante del contador y constituye la constante (k) del mismo, que viene grabada en la placa:

$$k = N \text{ rev} / KWh$$

Para calcular la potencia en KW se usa la siguiente expresión:

$$P = \frac{3.600 \text{seg/h} \times n}{N \times T}$$

donde:

n = es el número de vueltas que da el disco

T = tiempo en segundos de n revoluciones

N = k del contador

En la misma placa se indica además la tensión y corriente nominal de funcionamiento del contador.

Las normas para la construcción de contadores exigen que éstos puedan soportar, sin error apreciable, sobrecargas hasta del 400% de la intensidad nominal para la cual se hicieron.

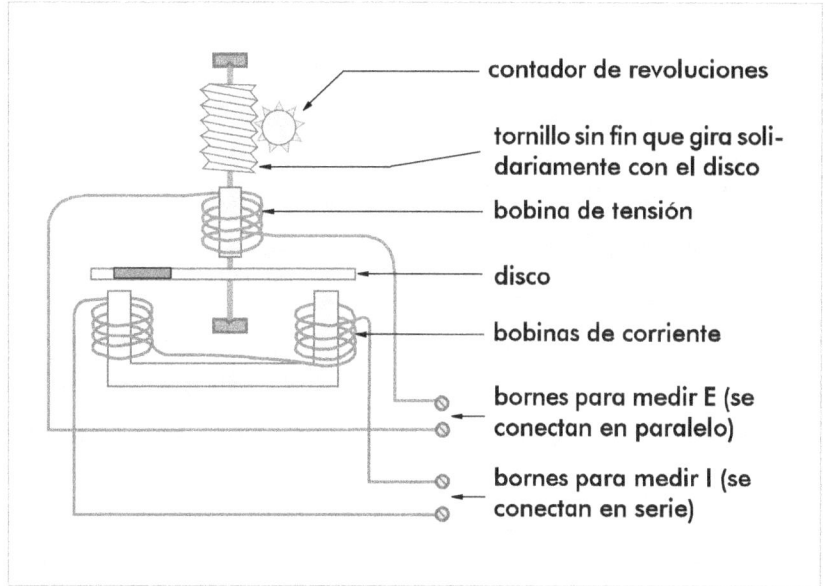

contador de revoluciones

tornillo sin fin que gira solidariamente con el disco

bobina de tensión

disco

bobinas de corriente

bornes para medir E (se conectan en paralelo)

bornes para medir I (se conectan en serie)

Características que tiene la <u>bobina de tensión</u>:

• tiene el núcleo en I

• produce un polo (norte o sur) pulsante cada medio ciclo

• tiene muchas espiras de alambre delgado

• se conecta como un voltímetro

Características de las <u>bobinas de corriente</u>:

• tienen el núcleo en U

• producen un campo magnético pulsatorio (norte-sur)

• poseen pocas espiras de alambre grueso

• se conectan como un amperímetro

Actualmente los medidores electromecánicos se están sustituyendo con medidores electrónicos o digitales.

ELECCIÓN Y USO CORRECTO DE LOS INSTRUMENTOS

Veamos algunos símbolos, que se encuentran grabados en los instrumentos análogos y que nos ayudarán a elegir el instrumento adecuado, así como su uso correcto.

Instrumento de bobina móvil con imán permanente

Instrumento para medir corriente continua

Instrumento de hierro móvil

Instrumento para medir corriente alterna

Instrumento para medir corriente continua y alterna

Instrumento electrodinámico

Posición de empleo horizontal

Posición de empleo vertical

Amperímetro

Posición de empleo a un determinado ángulo

Óhmetro

Voltímetro

Tensión de prueba de aislamiento dado en KV

Después de conocer estos símbolos, debemos tener presente además:

Tipo de magnitud a medir: si es corriente, tensión, resistencia u otra magnitud.

Valor aproximado de la magnitud a medir: para poder seleccionar el rango apropiado.

Alimentación del circuito: si es AC o DC.

Precisión deseada: la calidad o precisión del instrumento se llama «clase».

A modo de ejemplo analicemos el siguiente gráfico.

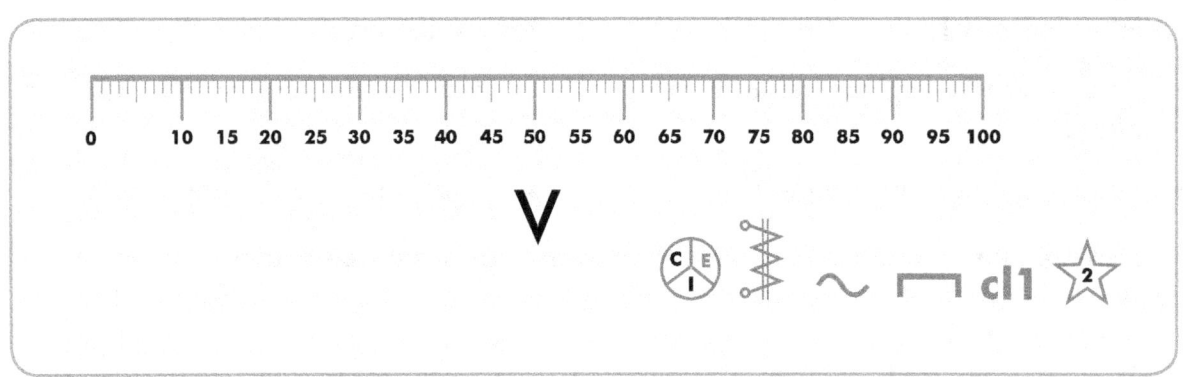

Por la V sabemos que se trata de un voltímetro. Así mismo sabemos que es del tipo de hierro móvil, que debe usarse para medir corriente alterna y en posición horizontal.

 nos indica que el instrumento ha sido fabricado según las normas internacionales de la Comisión Electrotécnica Internacional.

indica que el aislamiento ha sido probado a una tensión de 2 KV.

Como la clase es del 1% tendremos:
valor máximo real: 100 + 1 = 101 V
valor mínimo real: 100 - 1 = 99 V

LECTURA CORRECTA DE UN INSTRUMENTO DE MEDICIÓN ANÁLOGO

Para leer correctamente un instrumento de medición se debe tener en cuenta:

ESCALA: cuadrante graduado en el que se realiza la lectura de la medición, según la posición de la aguja.

Uniforme: los intervalos entre divisiones son iguales.

Cuadrática: los intervalos son mayores hacia el final de la escala.

Ensanchada: los intervalos entre divisiones son menores al comienzo y al final de la escala.

Logarítmica: los intervalos entre divisiones son menores al final de la escala.

Graduación múltiple: si la misma escala tiene dos o más rangos.

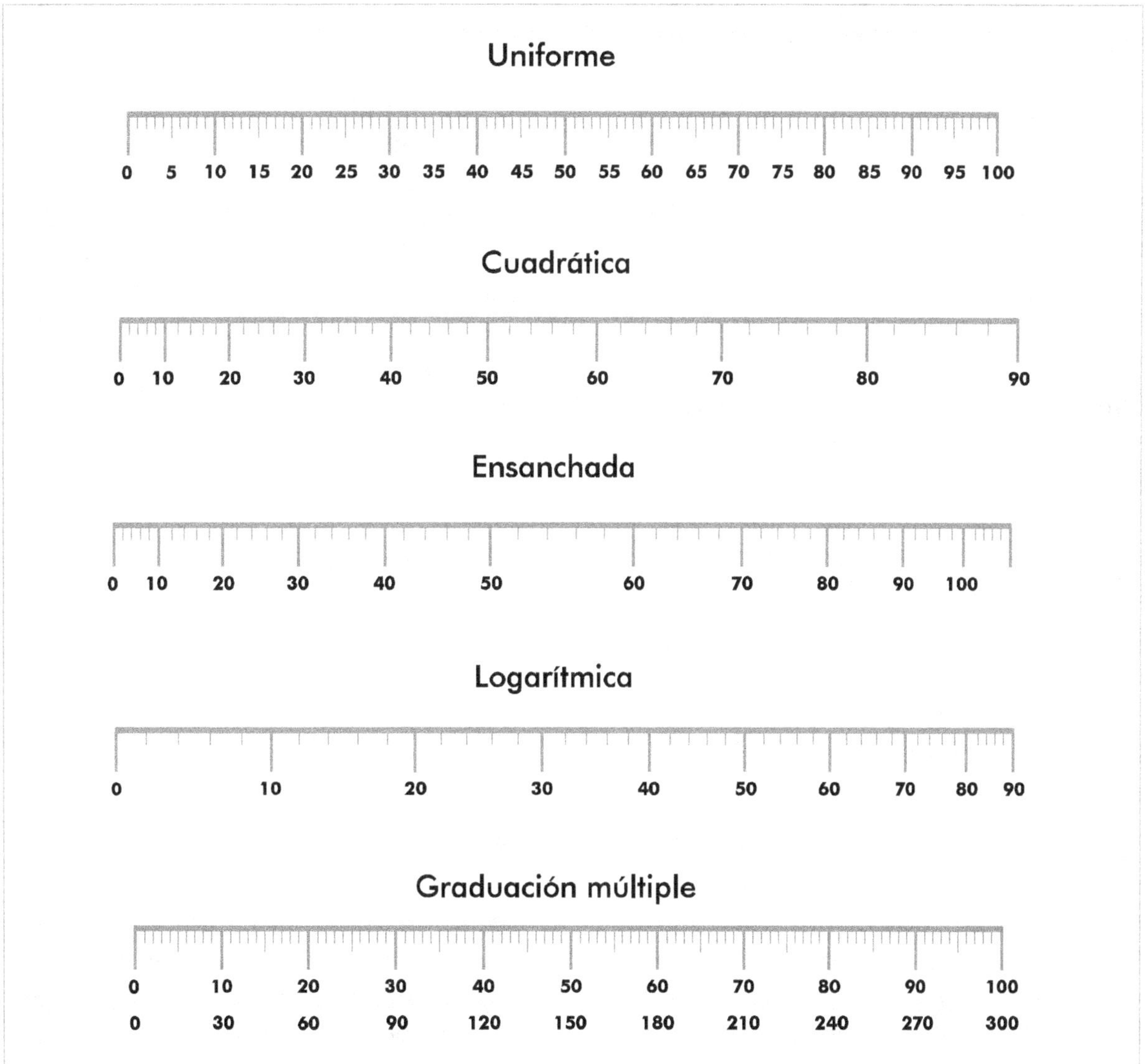

Uniforme

| 0 | 5 | 10 | 15 | 20 | 25 | 30 | 35 | 40 | 45 | 50 | 55 | 60 | 65 | 70 | 75 | 80 | 85 | 90 | 95 | 100 |

Cuadrática

| 0 | 10 | 20 | 30 | 40 | 50 | 60 | 70 | 80 | 90 |

Ensanchada

| 0 | 10 | 20 | 30 | 40 | 50 | 60 | 70 | 80 | 90 | 100 |

Logarítmica

| 0 | 10 | 20 | 30 | 40 | 50 | 60 | 70 | 80 | 90 |

Graduación múltiple

| 0 | 10 | 20 | 30 | 40 | 50 | 60 | 70 | 80 | 90 | 100 |
| 0 | 30 | 60 | 90 | 120 | 150 | 180 | 210 | 240 | 270 | 300 |

ÍNDICE O AGUJA: parte del instrumento de medición análogo que indica o señala el valor de la medición sobre la escala. Cuanto más fino o delgado sea el índice, mayor será la precisión en la lectura.

Al realizar la lectura de una medición se debe evitar el error de paralaje. Éste se comete cuando la persona no se coloca perpendicularmente al plano de la escala, sino que se ubica a un costado del instrumento. Para facilitar una correcta ubicación, algunos instrumentos tienen un espejo en el plano de la escala. En estos casos se tendrá la posición adecuada, para realizar una correcta lectura, cuando veamos que el índice oculta su propia imagen reflejada en el espejo.

Los índices de cuchilla también ayudan a evitar el error de paralaje: si la visual es correcta deberá observarse el índice como una línea finísima, ya que la aguja vista lateralmente es muy ancha.

CALIBRACIÓN DEL INSTRUMENTO:

Antes de usar un instrumento es necesario calibrarlo para que el índice se encuentre exactamente al comienzo de la escala que se va a usar. Esto se consigue girando el tornillo de calibración que se encuentra en la parte inferior de la aguja.

En los voltímetros y amperímetros el índice debe coincidir con el cero que está a la izquierda de la escala.

En los óhmetros además de la calibración anterior es necesario realizar una segunda calibración, de manera que el índice del instrumento coincida con el cero que se encuentra también a la derecha de la escala, ya que la medición se realizará a partir de este cero. En la parte inferior vemos gráficamente cómo es la escala del óhmetro.

Para que el índice se desplace hacia la derecha, es necesario unir los extremos de los conductores de prueba del óhmetro y, mediante un potenciómetro de calibración que tienen los óhmetros, se obtiene que la aguja coincida con el 0 que se encuentra a la derecha de la escala. De esta manera, además, ya no se tomará en cuenta la resistencia de estos conductores.

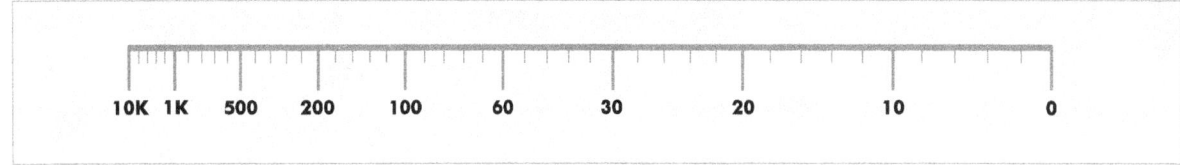

OTRAS RECOMENDACIONES:

Existen algunos instrumentos en los cuales una misma escala puede tener varios rangos o alcances, de manera que se pueden realizar dos o más mediciones de la misma magnitud, pero con alcances diferentes, por ejemplo hasta 100 o hasta 300. En estos casos, si se desconoce el valor aproximado de la magnitud a medir, especialmente si son corrientes o tensiones, es necesario seleccionar el instrumento para poder emplear los rangos más altos.

Después de la primera medición y solamente si vemos que es posible seleccionar un rango menor, a fin de obtener una medición más exacta, procederemos a cambiar la posición del selector.

Para lograr precisión en la medida es conveniente que la aguja no esté al comienzo de la escala, sino lo más al fondo que sea posible.

Finalmente antes de realizar la medición, debes tener la precaución de colocar el instrumento en la posición correcta (horizontal, oblícua o vertical) requerida por el instrumento. Solamente cuando se tenga la posición correcta se procederá a la correspondiente calibración del instrumento de medición.

LEY DE OHM

Para poder tener corriente eléctrica es necesario que exista una diferencia de potencial entre dos cargas, la cual hará que empiecen a circular los electrones a través de los conductores, quienes a su vez presentarán mayor o menor resistencia al movimiento o flujo de dichos electrones. Es decir que las tres magnitudes fundamentales están íntimamente relacionadas entre sí, aspecto que fue comprobado mediante una serie de experimentos por Georg Simon Ohm.

Ohm descubrió que si en un circuito de DC se mantenía constante la resistencia y se aumentaba la tensión, se producía también un aumento equivalente en la corriente. De la misma manera una disminución en la tensión genera una disminución equivalente en la corriente.

La conclusión que sacó Ohm fue que

LA CORRIENTE ES DIRECTAMENTE PROPORCIONAL A LA TENSIÓN

Además observó que si se mantenía constante la tensión de la fuente y se aumentaba el valor de la resistencia, la intensidad disminuía. Por el contrario si disminuía el valor de la resistencia, la intensidad aumentaba. Así obtuvo una segunda conclusión:

LA CORRIENTE ES INVERSAMENTE PROPORCIONAL A LA RESISTENCIA.

Estas dos conclusiones dieron origen a la **LEY DE OHM** que dice:

LA INTENSIDAD ES DIRECTAMENTE PROPORCIONAL A LA TENSIÓN E INVERSAMENTE PROPORCIONAL A LA RESISTENCIA.

La ley de ohm se expresa matemáticamente mediante una ecuación algebraica:

$$I = \frac{E}{R}$$

Si despejamos R tendremos otra forma de expresar la ley de ohm:

$$R = \frac{E}{I}$$

Si despejamos E tendremos la siguiente expresión:

$$E = I R$$

Gracias a estas tres expresiones matemáticas, siempre que conozcamos dos de las tres magnitudes podemos averiguar la que se desconoce. En los cálculos se usan únicamente las unidades básicas.

Si tenemos el siguiente circuito, en el cual la pila tiene una diferencia de potencial de 1,5 V y la resistencia es de 30 Ω, ¿qué corriente circulará por el circuito?

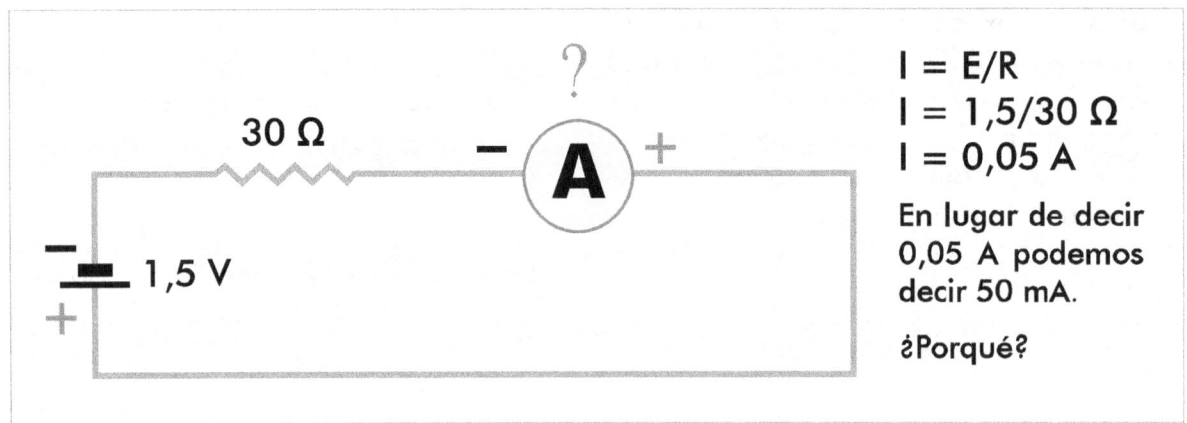

I = E/R
I = 1,5/30 Ω
I = 0,05 A

En lugar de decir 0,05 A podemos decir 50 mA.

¿Porqué?

Ahora averiguemos el valor de la resistencia del siguiente circuito:

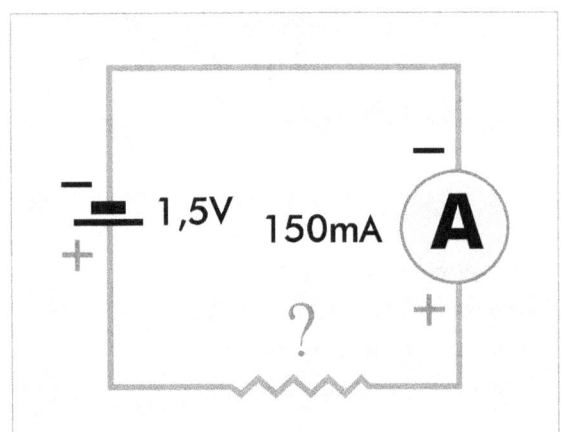

R = E/I
R = 1,5 V / 150 mA

Para seguir, primero debemos convertir todas las unidades a unidades básicas: 150 mA = 0,15 A

R = 1,5 V / 0,15 A
R = 10Ω

Si la resistencia hallada, en el ejercicio anterior, fuera la que está en el gráfico, escribe el color que le corresponde a cada banda.

dorado = ±5%

....

....

....

Ahora conociendo la corriente y la resistencia busquemos la tensión que debe tener la fuente que alimenta el siguiente circuito:

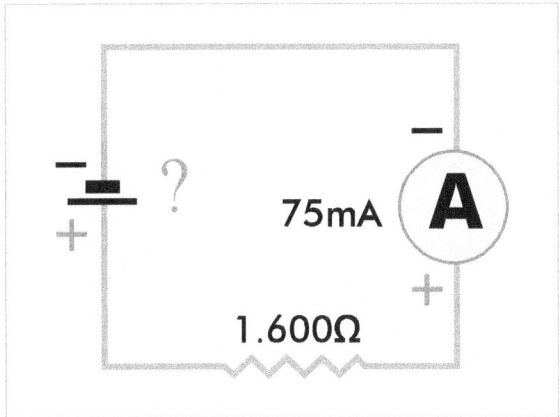

E = IR
E = 75 mA x 1.600 Ω

Para seguir, primero debemos convertir todas las unidades a unidades básicas: 75 mA = 0,075 A

E = 0,075 A x 1.600 Ω
E = 120 V

La conclusión que podemos sacar de estos tres ejemplos es que, cuando se quiere averiguar una magnitud desconocida, es indispensable conocer por lo menos dos.

LEY DE WATT

Si se aplica una diferencia de potencial a un circuito, éste será recorrido por una determinada cantidad de corriente eléctrica que se transformará en otra forma de energía (luz, calor, movimiento mecánico, etc.), realizándose de esta manera un trabajo eléctrico, el cual será proporcional a la tensión y a la cantidad de corriente que recorra el circuito.

Como un mismo trabajo puede realizarse en tiempos diferentes, la rapidez con que éste se realice se llamará potencia y se expresará en unidades de trabajo (cuya unidad es el julio y que se define como el trabajo efectuado por un columbio, con una diferencia de potencial de un voltio) y de tiempo (cuya unidad es el segundo).

Con base en estas dos unidades, la POTENCIA ELÉCTRICA (P) se define como el trabajo eléctrico que se realiza en una unidad de tiempo, y cuya unidad básica de medida es el vatio.

VATIO ó WATT (W): es el trabajo realizado cuando fluye un amperio, con una diferencia de potencial de un voltio.

Múltiplos:

Kilovatio (KW) = 1.000 W = 10^3 W

Megavatio (MW) = 1'000.000W = 10^6 W

Gigavatio (GW) = 1.000'000.000W = 10^9 W

El instrumento que se usa para medir potencia eléctrica en el vatímetro, como se vio en el tema de los instrumentos.

La ley de watt nos expresa la relación existente entre la potencia, la intensidad y la tensión y se enuncia de la siguiente manera:

LA POTENCIA ES DIRECTAMENTE PROPORCIONAL A LA INTENSIDAD Y A LA TENSIÓN

29

La ley de watt se expresa matemáticamente con la siguiente ecuación:

$$P = I\,E$$

Si despejamos E tendremos otra forma de expresar la ley de watt:

$$E = \frac{P}{I}$$

Si despejamos I en lugar de E, tendremos la siguiente expresión:

$$I = \frac{P}{E}$$

Gracias a estas tres expresiones matemáticas, siempre que conozcamos dos de las tres magnitudes podemos averiguar la que se desconoce. Recuerda que al hacer los cálculos se usan las unidades básicas.

Retomemos uno de los circuitos anteriores, en el cual la pila tiene una tensión

de 1,5 V y la corriente que circula por la resistencia de 30Ω es de 0.05 A, ¿cuál es la potencia de la resistencia?

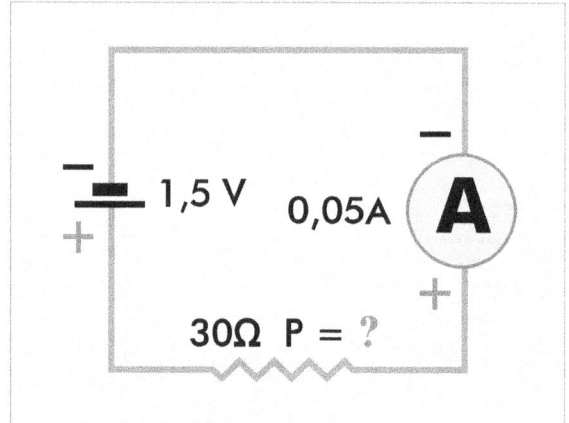

$$P = I\,E$$
$$P = 0,05\ A \times 1,5\ V$$
$$P = 0,075\ W$$

En lugar de decir que la potencia es 0,075 W podemos decir que es 75 mW. ¿Porqué?

RELACIONES QUE SE PUEDEN ESTABLECER ENTRE LAS LEYES DE OHM Y WATT

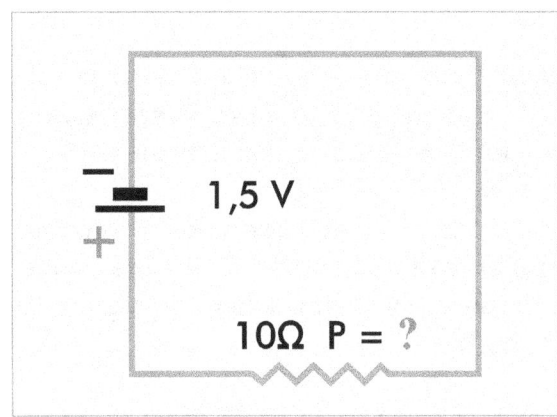

En este circuito ¿es posible averiguar la potencia de la resistencia?

Si observamos bien la ley de ohm y la ley de watt, nos daremos cuenta que

en realidad en ambas leyes se emplean exactamente las mismas magnitudes.

Por la ley de ohm sabemos que la intensidad, tensión y resistencia están íntimamente relacionadas entre sí, por consiguiente en la ley de watt, de alguna forma deberá estar también la resistencia, siendo posible averigar la potencia en función de la resistencia. Veámoslo matemáticamente:

$$P = I\,E \qquad \text{ley de watt}$$

$$E = I\,R \qquad \text{ley de ohm}$$

$$P = I \times I\,R \qquad \text{sustituyendo el valor de E en la primera ecuación}$$

30

$$P = I^2R$$

De igual manera:

$$P = I\,E \qquad \text{ley de watt}$$

$$I = E/R \qquad \text{ley de ohm}$$

$$P = E \times E/R \quad \text{sustituyendo el valor de } I \text{ en la primera ecuación}$$

$$P = E^2/R$$

Con estas aclaraciones podemos afirmar que sí es posible averiguar la potencia de la resistencia del circuito, ya sea a través de la ley de ohm y luego de la ley de watt, o bien aplicando alguna de las igualdades obtenidas anteriormente.

$$P = I\,E$$

$$P = I \times 1,5\,V$$

$$I = E/R$$

$$I = 1,5\,V / 10\,\Omega$$

$$I = 0,15\,A$$

$$P = 0,15\,A \times 1,5\,V$$

$$P = 0,225\,W$$

$$P = 225\,mW$$

Si queremos hacerlo directamente, buscamos la ecuación en la cual se encuentre la E y la R, por ser los valores que conocemos:

$$P = E^2/R$$

$$P = 1,5^2\,V / 10\,\Omega$$

$$P = 2,25\,V / 10\,\Omega$$

$$P = 0,225\,W$$

Más adelante, al tratar el tema de los circuitos eléctricos, veremos un mayor número de aplicaciones para calcular cualesquiera de las magnitudes fundamentales y la potencia, conociendo únicamente dos de ellas.

POTENCIA DISIPADA O PÉRDIDA DE POTENCIA

No siempre el trabajo efectuado en un circuito es útil. Hay casos en los cuales el trabajo se pierde, dando origen a lo que se conoce como potencia perdida o disipada.

Cuando encendemos un bombillo incandescente de 100 W éste se calienta mucho, a tal punto que el filamento empieza a irradiar luz. En este caso el calor producido (alrededor del 60%) es potencia perdida, ya que en un bombillo el trabajo eléctrico debe ser para producir luz y no calor.

De la misma manera, el calor que se produce en un motor es potencia perdida, porque el trabajo eléctrico debe ser para producir movimiento o energía mecánica y no calor.

En general, las pérdidas de potencia más comunes se producen en forma de calor, que se expresan matemáticamente con la siguiente ecuación: $P = I^2\,R$, donde P es la rapidez con que se produce calor.

Sin embargo existen aparatos (planchas, hornos, estufas, etc.) en los cuales el calor producido no representa potencia disipada, sino potencia útil.

POTENCIA EN LOS RESISTORES

Los resistores, además de clasificarse por su valor resistivo (resistencia), se clasifican por la potencia, para indicar

31

la corriente que puede circular por ellos (la I se calcula empleando la misma ecuación que se usa para averiguar la potencia disipada) o la cantidad de calor que pueden resistir sin deteriorarse, de manera que la potencia de un resistor afecta directamente su tamaño físico: los resistores de muy poca potencia (1/4 ó 1/2 W) son pequeños, y a medida que aumenta su potencia (1 ó más vatios) son de mayores dimensiones.

POTENCIA EN CIRCUITOS RESISTIVOS CON CORRIENTE ALTERNA

En los circuitos resistivos con corriente alterna y sólo monofásicos, se aplica la ley de Watt exactamente como si fuera con corriente continua, por cuanto la tensión y la intensidad están en fase.

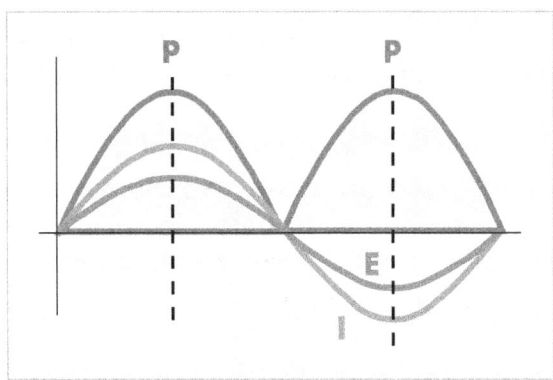

En los circuitos trifásicos, en los cuales se tiene un sistema trifásico equilibrado, es decir que las potencias de las tres fases son exactamente iguales, la potencia total es igual a la suma aritmética de las potencias parciales de cada fase, como se ve a continuación:

$P = E_F \times I_F$ En cada fase

$P_t = 3 (E_F \times I_F)$ En las 3 fases

$P_t = 3\{(E_L / \sqrt{3}) \times I_L\}$ Sustituyendo la E_F por la E_L

$P_t = \sqrt{3}\, E_L \times I_L$

FACTOR DE POTENCIA o Cos Φ

Más adelante veremos que en los circuitos donde hay reactancias inductivas o capacitivas, parte de la potencia suministrada por la fuente es tomada por los inductores y/o capacitores, y en lugar de ser consumida es almacenada temporalmente, para luego regresar a la fuente, sea por el campo magnético (en las bobinas), o por el campo electrostático (en los condensadores), de manera que al multiplicar I x E, lo que en realidad se obtiene no es la potencia consumida sino una potencia aparente o nominal.

En estos casos, para obtener la potencia realmente consumida, debe tomarse en cuenta el **FACTOR DE POTENCIA**, ángulo de defase o Cos Φ, el cual nos indicará qué parte de la potencia aparente es potencia real o efectiva, es decir, qué tanto de la potencia suministrada se ha usado realmente.

De allí que el factor de potencia se define como el coseno del ángulo correspondiente al defase que existe entre la intensidad total (It) y la tensión total (Et), en un circuito con corriente alterna.

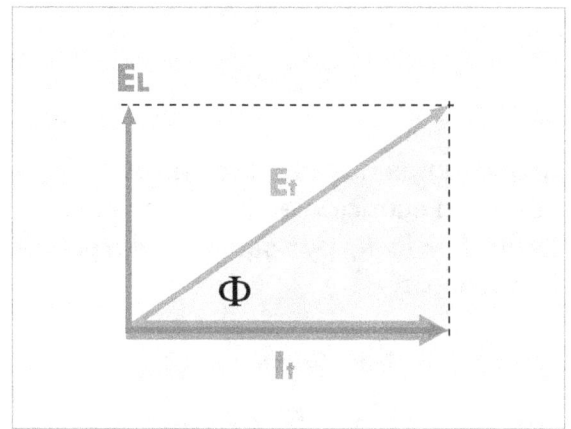

En los circuitos **puramente resistivos** el Cos Φ es 1: como la I y E están en fase, el ángulo de defase es de 0°.

En los circuitos **no puramente resistivos** (donde se tienen inductancias, capacitancias y resistencias) el Cos Φ va disminuyendo desde 1, para aproximarse a 0, a medida que se hace menos resistivo, de acuerdo con las reactancias inductivas y/o capacitivas.

CORRECCIÓN DEL Cos Φ

Es muy importante que el Cos Φ sea lo más cercano posible a 1, para que no hayan muchas pérdidas, lo cual sucede cuando las cargas son muy inductivas.

Como los efectos inductivos y capacitivos son opuestos, la forma más práctica de corregir el bajo factor de potencia es usando condensadores (batería de condensadores) conectados en paralelo con las cargas inductivas, cuyo factor de potencia o Cos Φ se desea mejorar.

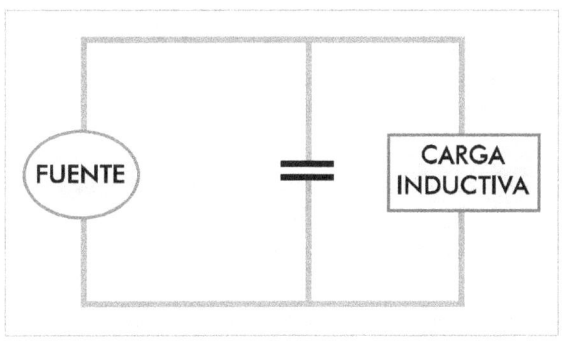

POTENCIA EN CIRCUITOS NO PURAMENTE RESISTIVOS

En los casos en que el circuito no es puramente resistivo (por tener inductancias o capacitancias), se producirá un defase entre la tensión y la intensidad, de modo que al aplicar la ley de Watt el producto de E x I no siempre será positivo, sino unas veces positivo y otras negativo, de acuerdo al defase existente, como se aprecia en el gráfico.

Por esta razón ya no es posible considerar la potencia como en los circuitos con corriente continua, o en los circuitos con corriente alterna que eran puramente resistivos, sino que hay que diferenciar varios tipos de potencias.

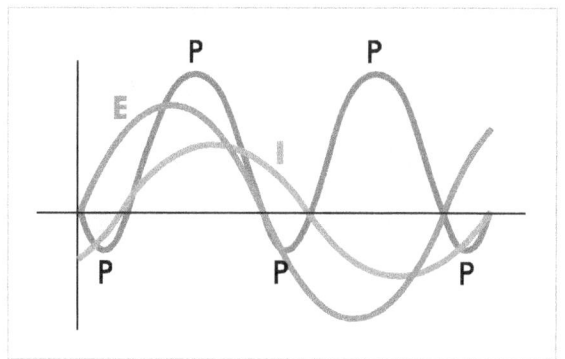

Sin embargo, todas las formas de potencia, se fundamentan totalmente en los principios de la ley de Watt.

POTENCIA NOMINAL O APARENTE (Pap): es la potencia suministrada por la fuente.

$$P_{ap} = E\,I$$

La unidad es el VOLTAMPERIO (VA), que tiene como múltiplos más usados el kilovoltamperio (KVA) y el megavoltamperio (MVA).

POTENCIA REAL O EFECTIVA (Pef): **es la potencia consumida en el circuito.**

$$P_{ef} = P_{ap}\cos\Phi$$
$$P_{ef} = E\,I\,\cos\Phi$$

La unidad es el VATIO (W), que tiene como múltiplos más usados el kilovatio (KW) y el megavatio (MW).

Existen otras unidades prácticas que son muy usadas en nuestro medio: H.P. (horse power), equivalente a 746W, y C.V.

(caballo vapor) equivalente a 736 W.

POTENCIA REACTIVA (Pr): llamada también desvatiada por no producir potencia, debido a la presencia de inductancias o capacitancias en el circuito, que tienen la función de proporcionar un campo magnético o cargar los condensadores.

$$P_r = E\ I\ \text{sen}\ \Phi$$

La unidad es el VOLTAMPERIO REACTIVO (VAR), que tiene como múltiplo más usado el kilovar (KVAR).

POTENCIA SEGÚN LOS SISTEMAS DE GENERACIÓN

Sistema monofásico bifilar

$P_{ap} = E\ I$ donde E e I son
$P_{ef} = E\ I \cos \Phi$ valores de fase

Sistema bifásico bifilar

$P_{ap} = \sqrt{2}\ E\ I$ donde E e I son
$P_{ef} = \sqrt{2}\ E\ I \cos \Phi$ valores de línea

Sistema trifásico

$P_{ap} = \sqrt{3}\ E\ I$ donde E e I son
$P_{ef} = \sqrt{3}\ E\ I \cos \Phi$ valores de línea

EJERCICIOS PRÁCTICOS

1. Si el valor eficaz de la tensión empleada en una residencia es de 117 V, ¿qué valor máximo alcanzará dicha tensión?

2. ¿Cuál es la EL correspondiente a una EF de 120 V?

3. ¿Qué resistencia tiene un conductor de cobre de 10 m de longitud y 1,5 mm² de sección?

4. ¿Cuál es la resistencia de un conductor de aluminio de 150 m de longitud y 3,5 mm² de sección?

5. La resistencia de una estufa eléctrica tiene 10Ω de resistencia y necesita 16 A para calentarse. ¿Qué tensión debe aplicársele?

6. ¿Qué corriente absorbe un calentador eléctrico de agua que tiene una resistencia de 20Ω al aplicársele una tensión de 208 V?

7. ¿Qué corriente absorbe una plancha eléctrica que tiene una resistencia de 60Ω si se le aplica una tensión de 120 V?

8. ¿Qué resistencia tiene un bombillo de 150 W, a través del cual circula una corriente de 750 mA?

9. Un reverbero eléctrico de 15Ω de resistencia requiere de 10 A para ponerse incandescente. ¿Qué tensión se le debe aplicar?

10. ¿Qué potencia tiene la resistencia de una estufa que es alimentada por 120 V, a través de la cual circulan 12,5 A?

11. ¿Qué corriente absorbe un bombillo de 100 W al ser alimentado por 115 V?

12. Una estufa de 2 KW de potencia tiene una resistencia de 30Ω. Averigua la corriente y tensión con que debe funcionar.

13. Un motor bifásico para 208 V tiene un factor de potencia de 0,75. Calcular la corriente que absorbe si tiene una potencia de 1,5 H.P.

14. ¿Qué corriente absorbe un motor trifásico que tiene las siguientes características: potencia de 10 H.P., tensión de alimentación de 208 V, factor de potencia de 0,8?

CIRCUITOS ELÉCTRICOS

CIRCUITO ELÉCTRICO: recorrido o trayectoria que sigue la corriente eléctrica (continua o alterna) desde que sale de la fuente hasta que retorna a ella, pasando por una o más cargas (dispositivos en los cuales la energía eléctrica se transforma en otras formas de energía) a través de unos conductores.

CIRCUITO CERRADO: si la trayectoria de la corriente no tiene ninguna interrupción. Hay diferencia de potencial y corriente.

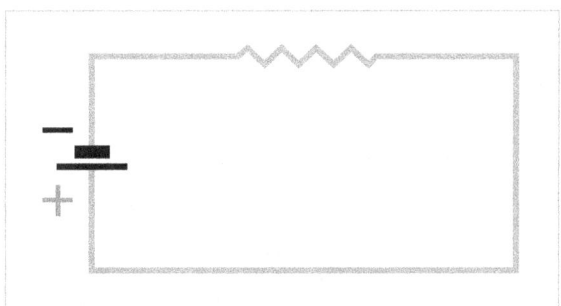

CIRCUITO ABIERTO: si la trayectoria de la corriente tiene alguna interrupción. Hay diferencia de potencial pero no hay corriente.

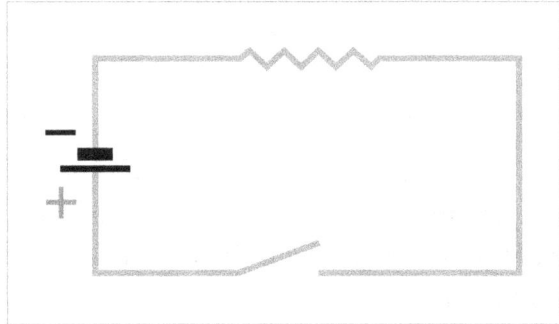

CIRCUITO SIMPLE: cuando el circuito, abierto o cerrado, tiene una sola fuente y una sola carga.

CIRCUITO SERIE: circuito en el cual la corriente tiene una sola trayectoria a través de dos o más cargas y una o más fuentes.

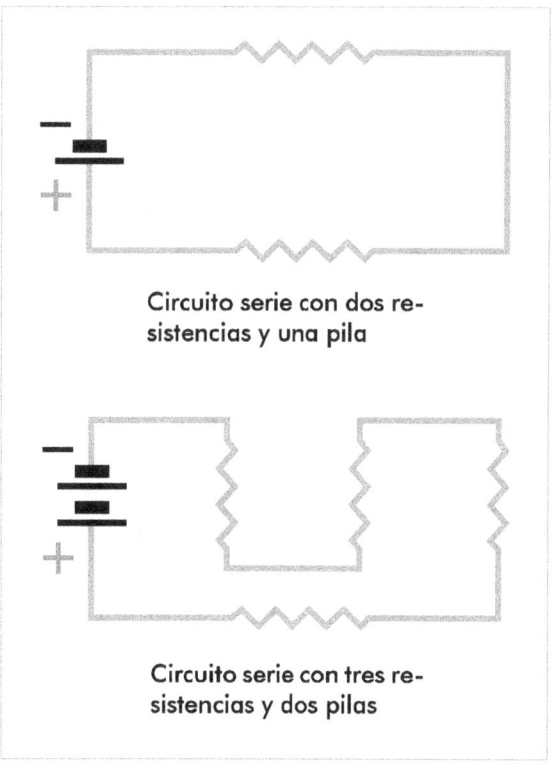

Circuito serie con dos resistencias y una pila

Circuito serie con tres resistencias y dos pilas

Las cargas de un circuito no solamente son resistencias, sino que pueden ser muy variadas: sólo resistencias (circuitos resistivos), sólo inductancias (circuitos inductivos), sólo capacitancias (circuitos capacitivos) o resistencias, inductancias y capacitancias combinadas (circuitos RC, RL y RLC).

FUENTES EN SERIE:

Cuando se tiene un circuito con varias fuentes (tensiones parciales) **en el mismo sentido**, la tensión total (Et) es igual a la suma de todas las tensiones parciales. Se expresa matemáticamente así:

$$E_t = E_1 + E_2 + E_3 + ... E_n$$

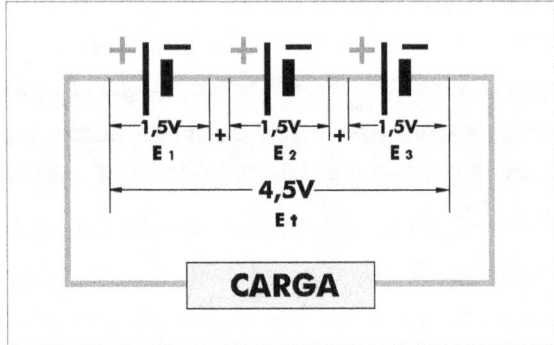

$$1,5V + 1,5V + 1,5V = 4,5V$$

Cuando se tienen en un mismo circuito unas fuentes en un sentido y otras en sentido contrario, la tensión total será la diferencia que hay entre las que están en un sentido y las que están en sentido contrario.

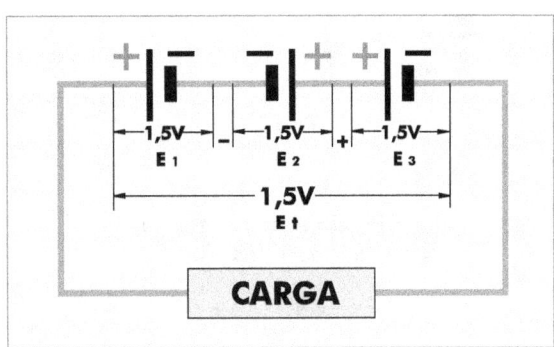

Sumamos E1 y E3: 1,5 V + 1,5 V = 3 V

Para obtener la Et restamos E2 de la sumatoria anterior:

$$E_t = 3\ V - 1,5\ V$$
$$E_t = 1,5\ V$$

Si se colocan en oposición únicamente dos pilas, que sean exactamente iguales, la tensión del circuito será 0 voltios, y por consiguiente no se tendrá corriente.

RESISTENCIAS EN SERIE:

Veamos qué sucede con las tres magnitudes fundamentales y la potencia, en un circuito serie.

INTENSIDAD: Al tener la corriente una sola trayectoria, ésta tendrá que ser la misma en cualquier punto del circuito, de manera que la intensidad que sale de la fuente tendrá que ser la misma que pase por cada una de las resistencias.

Este comportamiento de la corriente se expresa matemáticamente con la siguiente ecuación:

$$I_t = I_1 = I_2 = I_3 = ... I_n$$

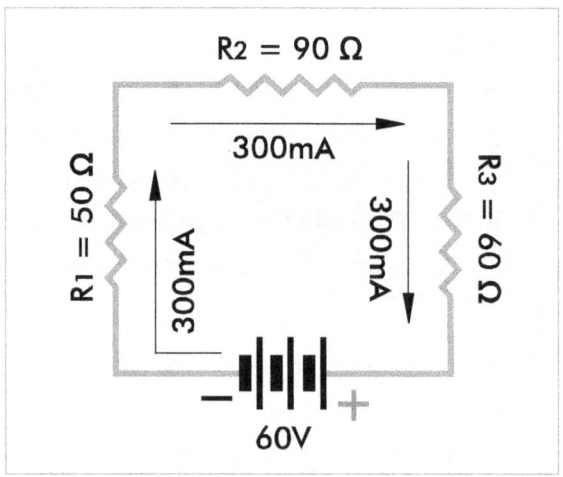

Esto significa, como puede apreciarse en el gráfico, que si la corriente que sale (intensidad total) de la fuente es de 300mA, la intensidad en R1,

36

Esto significa, como puede apreciarse en el gráfico, que si la corriente que sale (intensidad total) de la fuente es de 300 mA, la intensidad en R1, R2 y R3 (intensidades parciales) será exactamente la misma, o sea 300 mA en cada una de ellas.

Si se desconoce el valor de la intensidad total (I_t) o parciales(I_1, I_2, I_3,...I_n) es posible averiguarlo mediante la ley de ohm, aplicada a todo el circuito o a cada una de la resistencias, como se verá más adelante en forma práctica, si se conocen al menos dos magnitudes fundamentales, o una fundamental y la potencia.

RESISTENCIA: a medida que va aumentando el número de resistencias parciales, la resistencia total del circuito irá también en aumento, ya que al tener la corriente una sola trayectoria, cada resistencia presentará determinada oposición al paso de la misma, la cual se irá sumando a la anterior. En otras palabras, es como si la longitud de la resistencia fuera en aumento, factor que, como se ha visto anteriormente, es directamente proporcional a la resistencia.

Por estas razones se puede afirmar que la resistencia total (Rt) del circuito es igual a la suma de las resistencias parciales. Su expresión matemática es:

$$R_t = R_1 + R_2 + R_3 + ... R_n$$

Aplicando esta ecuación al circuito de la página anterior tendremos:

Rt = 50 Ω + 90 Ω + 60 Ω
Rt = 200 Ω

TENSIÓN: la tensión que entrega la fuente (Et) debe alimentar todo el circuito y por consiguiente también todas y cada una de las resistencias del circuito. Al tener la corriente una sola trayectoria se producen sucesivas caídas de E a través de las diferentes resistencias, de tal manera que se tendrá una E parcial en cada una de ellas, proporcional al valor de cada resistencia, correspondiéndole una mayor tensión a la resistencia de mayor valor y una menor tensión a la resistencia de menor valor (ley de ohm aplicada a cada resistencia). Matemáticamente se expresa mediante la siguiente ecuación:

$$E_t = E_1 + E_2 + E_3 + ... E_n$$

Retomando el ejercicio de la página anterior tendremos:

E1 = 0,3 A x 50 Ω = 15 V
E2 = 0,3 A x 90 Ω = 27 V
E3 = 0,3 A x 60 Ω = 18 V

Et = 15 V + 27 V + 18 V = 60 V

POTENCIA: recordemos que potencia es la rapidez con que se realiza un trabajo.

Si en un circuito se tienen varias resistencias en serie, cada una de ellas consume cierta potencia de acuerdo únicamente a la tensión, por cuanto la intensidad es la misma en todas las cargas, de tal manera que la potencia total (Pt) del circuito será igual a la suma de las potencias parciales, correspondiente a cada una de las resistencias. Esto se expresa matemáticamente así:

$$P_t = P_1 + P_2 + P_3 + ... P_n$$

EJERCICIOS DE APLICACIÓN CON CIRCUITOS SERIE

1. ¿Qué corriente circula por el siguiente circuito?

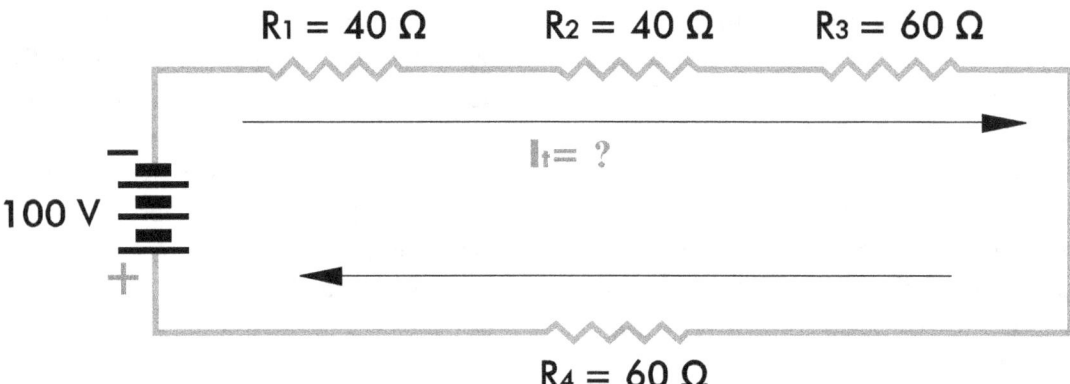

$R_1 = 40\ \Omega$ $R_2 = 40\ \Omega$ $R_3 = 60\ \Omega$

$I_t = ?$

100 V

$R_4 = 60\ \Omega$

Para conocer la intensidad del circuito aplicamos la ley de ohm a todo el circuito: $I_t = E_t / R_t$

Como se desconoce la R_t, primero averiguamos ésta:

$R_t = 40\ \Omega + 40\ \Omega + 60\ \Omega + 60\ \Omega$
$R_t = 200\ \Omega$

Ahora que ya conocemos la R_t, aplicamos la ley de ohm:

$I_t = 100\ V / 200\ \Omega$
$I_t = 0{,}5\ A$ ó 500 mA

Por el circuito, y por consiguiente por cada una de las resistencias, circularán 500 mA.

2. Se tiene un circuito serie compuesto por tres resistencias. ¿Qué diferencia de potencial tendremos en la segunda resistencia, a través de la cual circula una corriente de 500 mA, si la primera resistencia tiene una potencia de 10 W, la tercera resistencia mide 24 Ω, y la resistencia total del circuito es de 200 Ω?

En primer lugar grafiquemos el circuito.

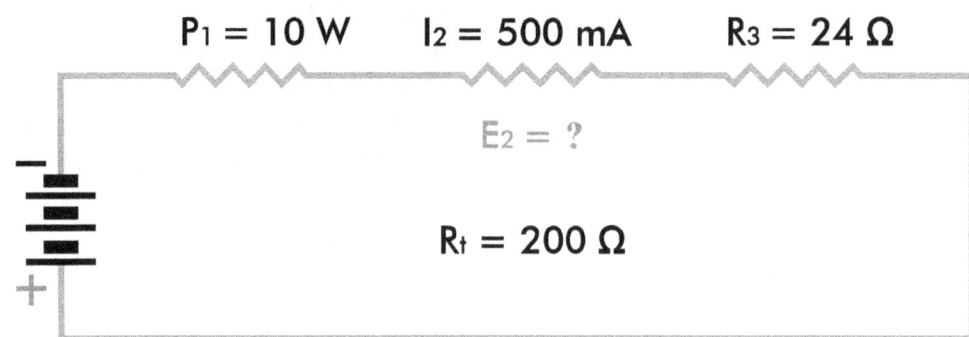

$P_1 = 10\ W$ $I_2 = 500\ mA$ $R_3 = 24\ \Omega$

$E_2 = ?$

$R_t = 200\ \Omega$

> Normalmente un problema pueda solucionarse de diferentes formas. Lo importante es saber elegir un proceso que sea simple y lógico, en el cual se vaya desarrollando, y sobre todo entendiendo los pasos estrictamente necesarios que se deben seguir hasta obtener la solución correcta.

PRIMER PROCESO:

Recordemos que:

$I_t = I_1 = I_2 = I_3 = ... I_n$
por lo cual:
$I_2 = I_t$
$I_t = 500$ mA

Convirtamos a unidades básicas

500 mA $= 0,5$ A

Apliquemos la ley de ohm a todo el circuito:

$E_t = I_t \times R_t$
$E_t = 0,5$ A $\times 200$ Ω
$E_t = 100$ V

Ahora apliquemos la ley de ohm en la tercera resistencia:

$E_3 = I_3 \times R_3$ pero $I_2 = I_3$
$E_3 = 0,5$ A $\times 24$ Ω
$E_3 = 12$ V

Apliquemos la ley de watt en la primera resistencia:

$E_1 = P_1 / I_1$ como $I_2 = I_1$
$E_1 = 10$ W $/ 0,5$ A
$E_1 = 20$ V

Recordemos que:

$E_t = E_1 + E_2 + E_3$

Despejando E_2 tendremos:

$E_2 = E_t - (E_1 + E_3)$
$E_2 = 100$ V $- (20$ V $+ 12$ V$)$
$E_2 = 68$ V

SEGUNDO PROCESO:

Partiendo de la relación que hay entre la ley de ohm y la ley de watt.

Aplicando esta relación a la primera resistencia:

$R_1 = P_1 / (I_1)^2$
$R_1 = 10$ W $/ 0,5^2$ A
$R_1 = 40$ Ω

Para averiguar R_2 recordemos que:

$R_t = R_1 + R_2 + R_3$

despejando R_2:

$R_2 = R_t - (R_1 + R_3)$
$R_2 = 200$ $\Omega - (40$ $\Omega + 24$ $\Omega)$
$R_2 = 136$ Ω

Aplicamos ahora la ley de ohm en la segunda resistencia para averiguar la tensión que hay en ella :

$E_2 = I_2 \times R_2$
$E_2 = 0,5$ A $\times 136$ Ω
$E_2 = 68$ V

3. Si conectamos en serie dos bombillos (de 2 W y 6 W y fabricados para funcionar con una tensión de 6 V cada uno) y alimentamos el circuito con 6 V, ¿cuál de los bombillos alumbrará más? ¿Porqué?

4. ¿Cuántos bombillos de 0,5 W, que consumen 250 mA de corriente, deben usarse para construir una guirnalda navideña que pueda conectarse a una fuente de 24 V?

5. Necesitamos conectar un bombillo de 1,2 W, fabricado para funcionar con una tensión de 3 V, a una batería de 12 V . Para evitar que el bombillo se dañe es necesario conectarle una resistencia en serie. ¿Qué características, en cuanto a resistencia y potencia, debe tener la resistencia?

6. Averiguar el valor de la magnitud indicada con un signo de interrogación en los siguientes circuitos:

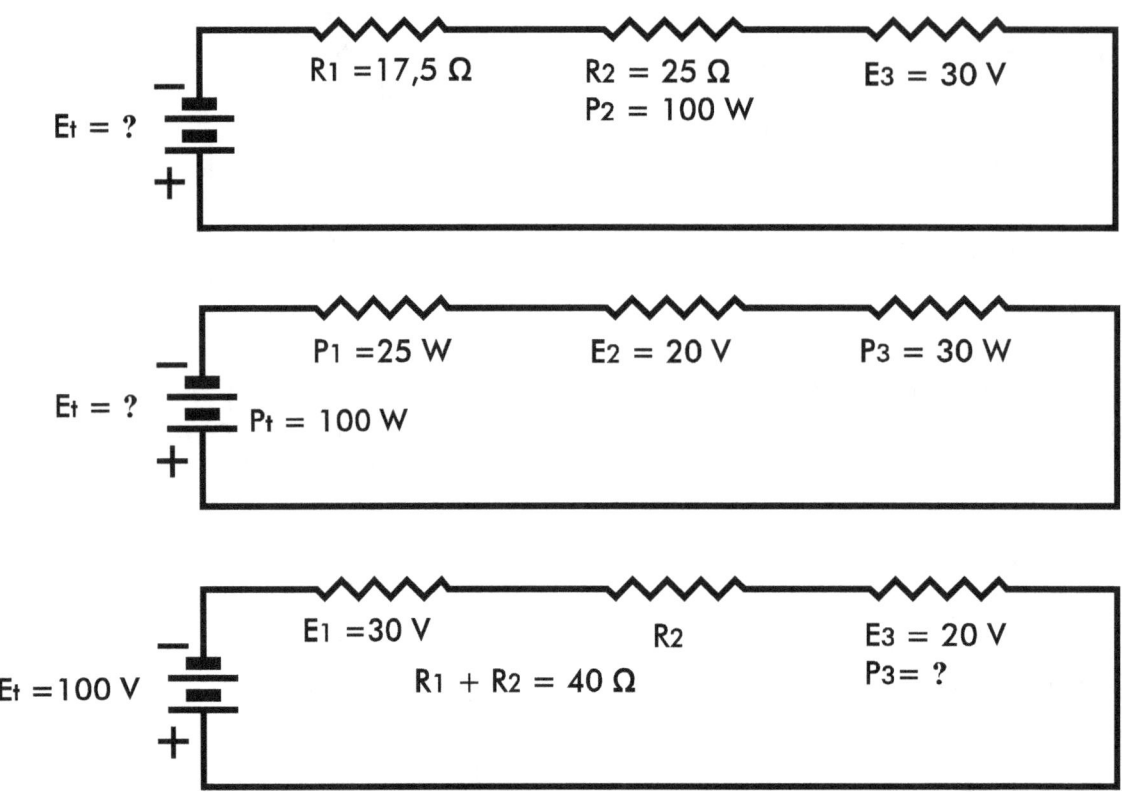

R1 =17,5 Ω   R2 = 25 Ω   E3 = 30 V
              P2 = 100 W
Et = ?

P1 =25 W   E2 = 20 V   P3 = 30 W
Pt = 100 W
Et = ?

E1 =30 V   R2   E3 = 20 V
R1 + R2 = 40 Ω   P3= ?
Et =100 V

7. Averiguar la segunda resistencia, del circuito anterior, en el caso de que la potencia total del circuito sea de 200 W, la corriente que circula por la segunda resistencia sea de 200 mA, la potencia de la tercera resistencia 75 W y la primera resistencia tenga un valor de 300 Ω.

8. Averguar el valor de todas las magnitudes que tienen un signo de interrogación, empleando si es posible varios procesos.

P1 = ?
I1 = 500 mA   R2 = ?   R3= ?
R1 = 50 Ω   E2 =50 V   P3= ?

Pt = 60 W
Et = ?

9. Busca e incluso diseña, si te es posible, algunos ejercicios y problemas que te permitan entender más los circuitos serie.

CIRCUITO PARALELO: circuito en el cual la corriente tiene posibilidad de seguir dos o más recorridos o trayectorias, a través de dos o más cargas y una o más fuentes.

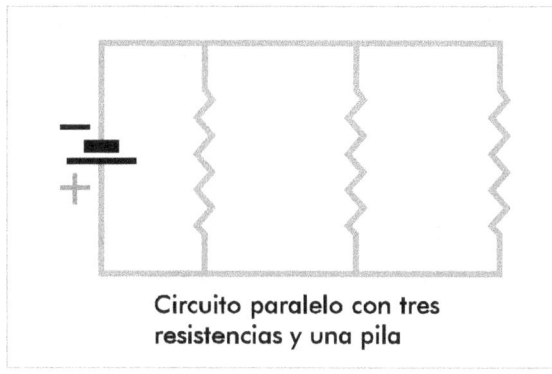

Circuito paralelo con tres resistencias y una pila

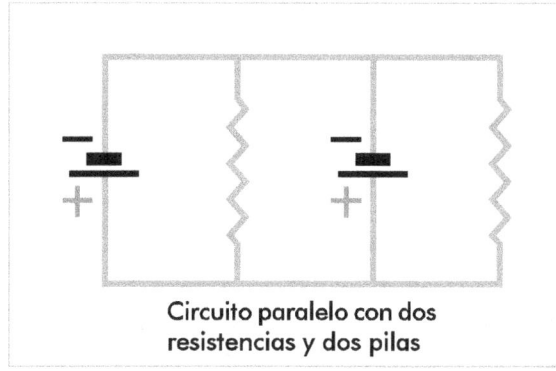

Circuito paralelo con dos resistencias y dos pilas

FUENTES EN PARALELO

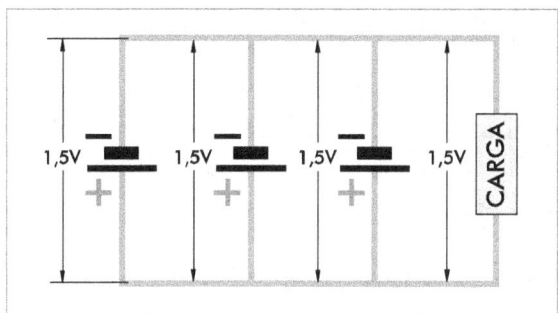

Como se puede ver en el gráfico, al conectar varias fuentes en paralelo no se aumenta la tensión, pero se suman las intensidades de todas las fuentes, de manera que la carga, cuando lo necesite, puede absorber una corriente mayor a la entregada por una sola fuente.

Para conectar varias fuentes en paralelo es indispensable que todas estén en el mismo sentido y tengan exactamente la misma tensión.

RESISTENCIAS EN PARALELO

Ahora veamos qué sucede con las tres magnitudes fundamentales y la potencia en un circuito paralelo.

TENSIÓN: observando los esquemas que se encuentran al lado, vemos que la corriente que sale del terminal negativo de la fuente, puede retornar a ella a través de cualesquiera de las resistencias. Sin embargo el voltaje en la fuente (Et) será el mismo en cada una de las resistencias (tensiones parciales), ya que a todas y a cada una de ellas le llega el terminal negativo y el terminal positivo en forma directa, sin necesidad de pasar por alguna de las resistencias.

Este comportamiento de la tensión se expresa matemáticamente mediante la siguiente ecuación:

$$E_t = E_1 = E_2 = E_3 = \ldots E_n$$

Cuando se desconoce el valor de la Et o de las tensiones parciales (E1, E2...) es posible hallarlas siempre y cuando se conozcan al menos otras dos magnitudes (I, R ó P), aplicando la ley de ohm o la ley de watt, ya sea en todo el circuito o en una parte (rama) del mismo.

INTENSIDAD: En un circuito paralelo la corriente total (It) que sale de la fuente, se va dividiendo proporcionalmente (intensidades parciales) entre las **ramas** (parte del circuito compuesto por una resistencia) que conforman un

nodo (punto donde se bifurca o donde confluyen varias corrientes).

En el gráfico podemos observar un circuito con 4 nodos: A, B, C y D. La corriente (It) que sale de la fuente al llegar al nodo A se divide en dos ramales: una parte (I1) pasa por R1 y otra parte (I2+I3)

continúa hacia el nodo B. Al llegar a éste la corriente vuelve a dividirse en dos ramales: una parte (I2) pasa por R2 y otra (I3) por R3.De igual manera, las corrientes que van pasando por las resistencias se vuelven a juntar en C y D, de tal manera que la intensidad que retorna a la fuente es igual a la que salió de ella.

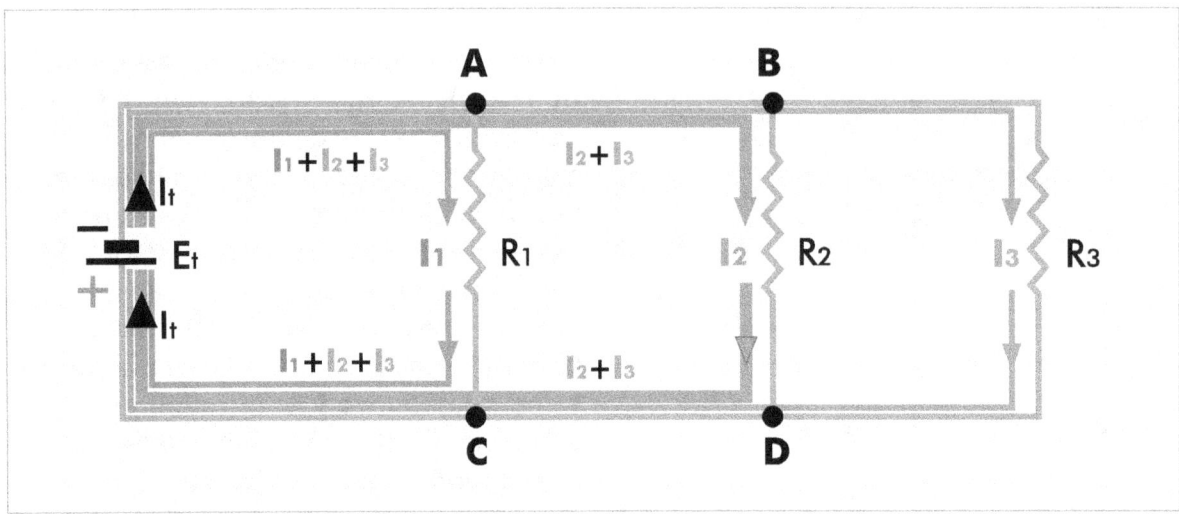

Este comportamiento de la corriente en los circuitos paralelos se expresa matemáticamente con la siguiente ecuación:

$$I_t = I_1 + I_2 + I_3 + ... I_n$$

Si no se conoce la It o una de las intensidades parciales, puede averiguarse aplicando las leyes de ohm o watt a todo el circuito o a alguna rama en particular, siempre y cuando se conozcan por lo menos otras dos magnitudes.

RESISTENCIA: en los circuitos en paralelo la resistencia total (Rt) irá disminuyendo a medida que aumenta el número de resistencias parciales. Por la forma en que van conectadas, si bien es cierto que cada una presenta determinada oposición al paso de la corriente, en conjunto

ésta va disminuyendo, pues es como si se fuera aumentando la sección de la resistencia, de tal manera que la resistencia total será incluso más pequeña que el valor de la resistencia de menor valor del circuito. ¿Porqué sucede esto?

Hemos visto que el comportamiento de las intensidades en los circuitos en paralelo es:

$$I_t = I_1 + I_2 + ... I_n$$

Empleando la ley de ohm sustituyamos todas las intensidades en función de la tensión y la resistencia:

$$E_t/R_t = E_1/R_1 + E_2/R_2 + ... E_n/R_n$$

Así mismo se sabe que en un circuito paralelo todas las tensiones son iguales:

$$E_t = E_1 = E_2 = ... E_n$$

42

Como todas las tensiones son iguales, sustituyamos en la ecuación anterior todas las tensiones por E_t (pero podría ser por cualesquiera de las tensiones parciales).

$$E_t/R_t = E_t/R_1 + E_t/R_2 + ... E_t/R_n$$

Factorizando el segundo miembro de la ecuación:

$$E_t/R_t = E_t(1/R_1 + 1/R_2 + ... 1/R_n)$$

Transponiendo E_t del segundo al primer miembro:

$$E_t/(R_t \times E_t) = 1/R_1 + 1/R_2 + ... 1/R_n$$

Finalmente simplificando obtenemos:

$$\boxed{1/R_t = 1/R_1 + 1/R_2 + ... 1/R_n}$$

Es decir que el recíproco de la resistencia total es igual a la suma de los recíprocos de las resistencias parciales.

Esta ecuación es aplicable en cualquier circuito paralelo, sin importar el número de resistencias que tenga.

<u>**Para dos resistencias distintas**</u>:

$$1/R_t = 1/R_1 + 1/R_2$$

$$1/R_t = (R_1 + R_2)/R_1 \times R_2$$

$$\boxed{R_t = R_1 \times R_2/(R_1 + R_2)}$$

<u>**Para dos o más resistencias que sean iguales**</u>:

$$1/R_t = 1/R_1 + 1/R_2 + ... 1/R_n$$

sustituyendo con R_1, por ser resistencias iguales:

$$1/R_t = 1/R_1 + 1/R_1 + ... 1/R_1$$

sumamos y despejamos R_t

$$1/R_t = n/R_1$$

$$\boxed{R_t = R_1 / n}$$

POTENCIA: lo visto sobre la potencia en un circuito serie, es válido para la potencia en un circuito en paralelo, de manera que la potencia total se puede calcular a partir de la corriente total, de la resistencia total y de la tensión total, o bien sumando las potencias parciales:

$$\boxed{P_t = P_1 + P_2 + P_3 + ... P_n}$$

Observa: esta expresión es la misma empleada en los circuitos serie.

EJERCICIOS CON CIRCUITOS EN PARALELO

1. ¿Con cuanta tensión debe alimentarse un circuito en el cual se han conectado tres bombillos en paralelo, si por el primer bombillo circula una corriente de 800 mA, por el segundo 500 mA y por el tercero 1.2 A, si la resistencia total del circuito de 48 Ω?

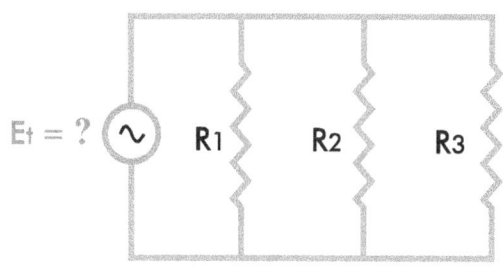

Aplicando la ley de ohm:

$E_t = I_t \times R_t$
$E_t = I_t \times 48\ \Omega$

Como el circuito es paralelo:

$I_t = I_1 + I_2 + I_3$
$I_t = 0.8\ A + 0.5\ A + 1,2\ A$
$I_t = 2,5\ A$

Sustituyendo el valor hallado en la primera ecuación:

$E_t = 2,5\ A \times 48\ \Omega$
$E_t = 120\ V$

2. Se deben conectar en paralelo un bombillo de 150W y una resistencia de 64 Ω. Si la tensión de alimentación del circuito es de 120 V, ¿cuál será la intensidad total del circuito?

Como se dijo antes de resolver los ejercicios con circuitos serie, es posible solucionar los problemas de diversas formas, de manera que las que presentamos a continuación no son las únicas, sino algunas de tantas que se pueden realizar.

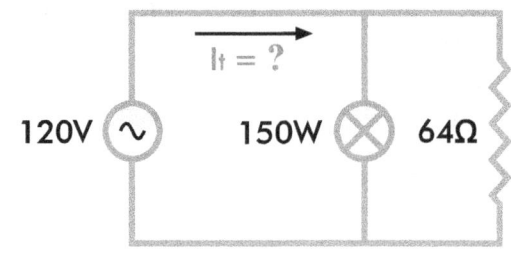

Primer proceso

Aplicando la ley de watt:
$I_t = P_t / E_t$
Como desconocemos P_t:
$P_t = P_1 + P_2$
Como desconocemos P_2:

Para averiguar P2 podemos aplicar directamente la ecuación que relaciona las leyes de ohm y watt

Para averiguar P2 podemos aplicar primero la ley de ohm y luego la ley de watt

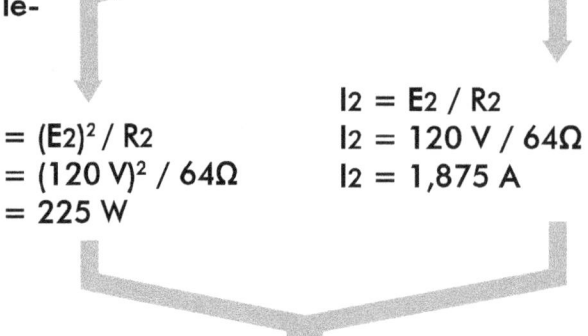

$P_2 = (E_2)^2 / R_2$
$P_2 = (120\ V)^2 / 64\Omega$
$P_2 = 225\ W$

$I_2 = E_2 / R_2$
$I_2 = 120\ V / 64\Omega$
$I_2 = 1,875\ A$

$P_2 = I_2 \times E_2$
$P_2 = 1,875\ A \times 120\ V$
$P_2 = 225\ W$

Retomando la P_t y la ley de watt:

$P_t = 150\ W + 225\ W$ $I_t = 375\ W / 120\ V$

$P_t = 375\ W$ $I_t = 3,125\ A$

Aplicando la ley de ohm:

$$I_t = E_t / R_t$$

Como desconocemos R_t:

$$R_t = R_1 \times R_2 / (R_1 + R_2)$$

Como desconocemos R_1:

$$R_1 = (E_1)^2 / P_1$$

$$R_1 = (120\ V)^2 / 150\ W$$
$$R_1 = 96\ \Omega$$

Retomando la ecuación de la R_t:

$$R_t = 96\ \Omega \times 64\ \Omega / (96\ \Omega + 64\ \Omega)$$
$$R_t = 38{,}4\ \Omega$$

Retomando la ecuación inicial:

$$I_t = 120\ V / 38{,}4\ \Omega$$
$$I_t = 3{,}125\ A$$

3. Si se tienen tres resistencias conectadas en paralelo y alimentadas por una tensión de 120 V, ¿qué corriente circulará por cada una de ellas, sabiendo que la resistencia total del circuito es de 8 Ω, la resistencia equivalente de las dos últimas es de 24 Ω y la corriente que circula por las dos primeras suma 13 A?

Resistencia equivalente: resistencia que tiene el mismo valor que otras dos o más resistencias conectadas en paralelo.

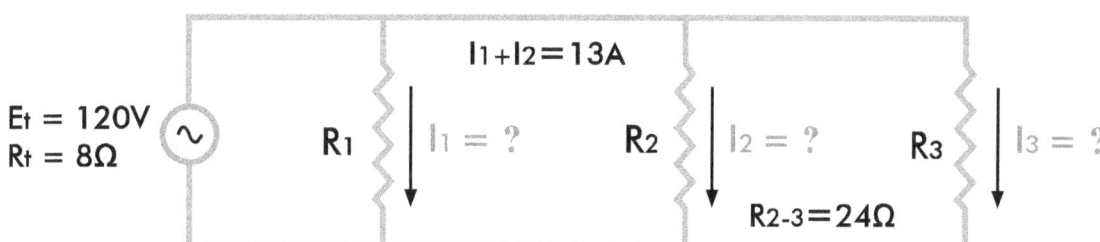

Aplicando la ley de ohm:

$$I_t = E_t / R_t$$
$$I_t = 120\ V / 8\ \Omega$$
$$I_t = 15\ A$$

Como se tiene un circuito paralelo:

$$I_t = I_1 + I_2 + I_3$$

Despejando I_3:

$$I_3 = I_t - (I_1 + I_2)$$
$$I_3 = 15\ A - 13\ A$$
$$I_3 = 2\ A$$

Para averiguar el valor de R_1:

$$1/R_t = 1/R_1 + 1/R_2 + 1/R_3$$

$$1/R_1 = 1/R_t - (1/R_2 + R_3)$$
$$1/R_1 = 1/8\ \Omega - 1/24\ \Omega$$
$$R_1 = 12\ \Omega$$

Aplicando la ley de ohm para I_1:

$$I_1 = E_1 / R_1$$
$$I_1 = 120\ V / 12\ \Omega$$
$$I_1 = 10\ A$$

Para averiguar I_2:

$$I_1 + I_2 = 13\ A$$
$$I_2 = 13\ A - 10\ A$$
$$I_2 = 3\ A$$

4. Se tienen tres resistencias conectadas en paralelo. Se necesita conocer el valor de la primera resistencia, sabiendo que la intensidad total es de 2,5 A y la potencia total de dos resistencias (una de 140 Ω y otra de 60 Ω) es de 168 W.

Para encontrar el valor de R1 sugerimos el siguiente proceso:

Primero: con los valores de R2 y R3 y la potencia consumida por ambas se obtiene el valor de la tensión.

Segundo: con este resultado se obtiene la intensidad que circula por ambas resistencias.

Tercero: con dicho valor obtener I1.

Cuarto: con este último dato se averigua el valor de R1.

5. ¿Qué corriente circulará por un circuito, y por cada una de las cuatro ramas del mismo, compuesto por dos bombillos de 60 W y dos bombillos de 100 W, si la tensión de alimentación es de 115 V.

6. ¿Con qué tensión debe alimentarse un circuito en el cual se han conectado dos resistencias de 400 Ω cada una, una resistencia de 150 Ω y otra de 300 Ω, si la intensidad total del circuito es de 1,8 A?

7. Se tiene un circuito paralelo conformado por un bombillo de 25 W, otro de 40 W y un tercero de 60 W. Si la resistencia total del circuito es de 96,8Ω, ¿qué corriente circulará a través de cada uno de los bombillos?

8. La resistencia total de un circuito compuesto por tres resistencias es de 50 Ω. ¿Cuál será la potencia y la intensidad de la primera resistencia, si la segunda resistencia es de 300 Ω, la suma de la primera y segunda resistencia es de 100 Ω y la corriente que circula por la tercera resistencia es de 1,2 A?

9. ¿Cuál será el valor de cada una de las tres resistencias que conforman un circuito paralelo, si de 1 A que sale de la fuente, 200 mA circulan por la segunda resistencia y 300 mA por la primera, y la potencia de la primera y tercera resistencias suman 80 W?

CIRCUITO MIXTO (SERIE-PARALELO): circuito en el cual la corriente tiene en parte una sola trayectoria, y en parte la posibilidad de varias trayectorias. En otras palabras, es un circuito que está compuesto por circuitos en serie y por circuitos en paralelo.

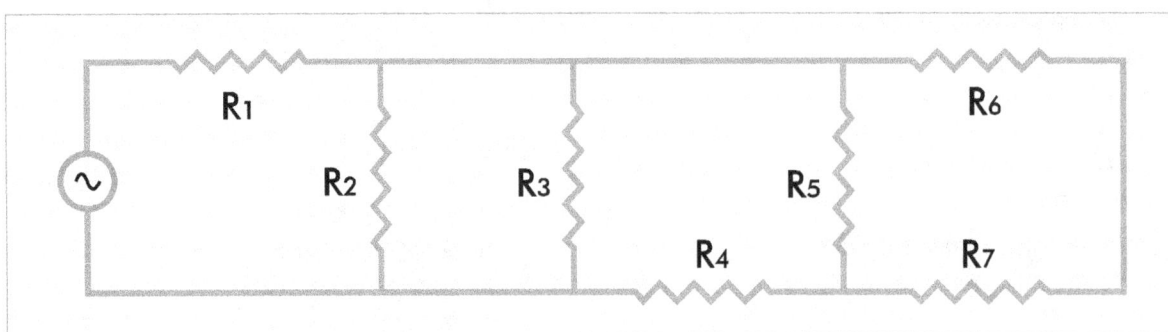

Observamos que R6 y R7 están en serie, y éstas a su vez están en paralelo con R5, y las tres están en serie con R4.

Al mismo tiempo R2, R3 y el grupo de resistencias analizadas hasta el momento forman un circuito en paralelo.

Finalmente R1 está en serie con todas las resistencias del circuito (R2, R3, R4, R5, R6 y R7).

Ahora veamos qué sucede con las tres magnitudes fundamentales y la potencia en un circuito paralelo.

RESISTENCIA: la resistencia total de un circuito serie-paralelo se averigua por medio de <u>circuitos equivalentes</u>, que consiste en ir resolviendo las partes del circuito que estén exclusivamente en serie o exclusivamente en paralelo, hasta obtener un circuito final que sea única-mente serie o únicamente paralelo.

Veamos cómo se resolvería el ejercicio.

Para comenzar podemos averiguar la resistencia equivalente de R2 y R3 (están exclusivamente en paralelo) y la resistencia equivalente de R6 y R7 (están exclusivamente en serie).

$$R_{2-3} = R_2 \times R_3 / (R_2 + R_3)$$
$$R_{6-7} = R_6 + R_7$$

El nuevo circuito, con estas reducciones, quedaría así:

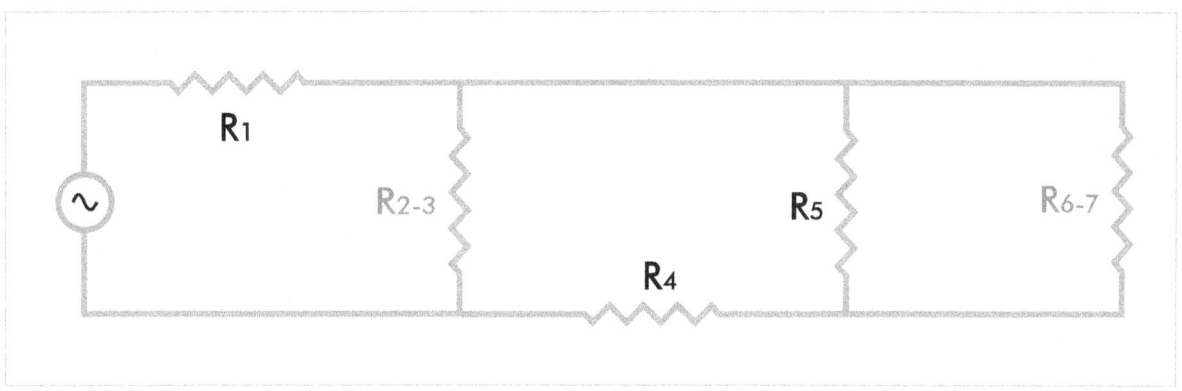

Luego buscamos la resistencia equivalente de R5 y R6-7:

$$R_{5-6-7} = R_5 \times R_{6-7}/(R_5 + R_{6-7})$$

Después de esta reducción el circuito queda como se observa en la gráfica que está al lado.

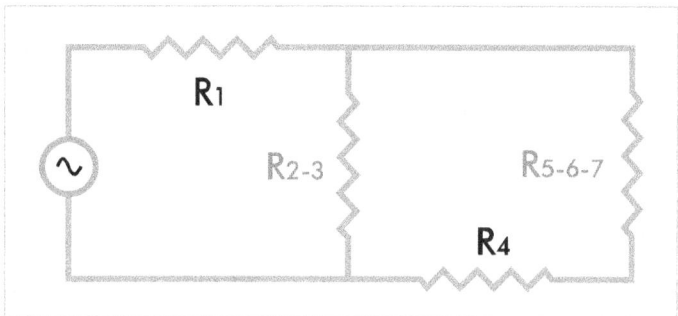

Ahora buscamos el circuito equivalente de R4 y R5-6-7:

$$R_{4-5-6-7} = R_4 + R_{5-6-7}$$

Con esta nueva reducción obtenemos el circuito que vemos en la gráfica del lado.

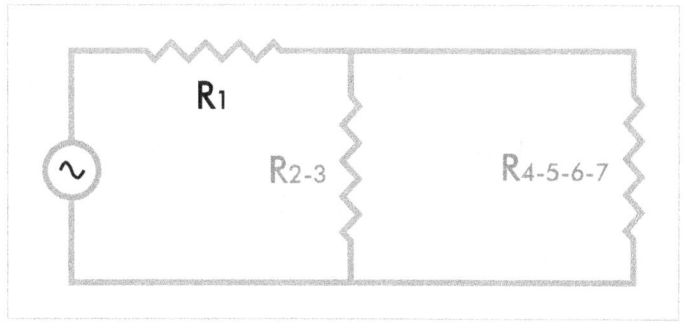

A continuación averiguamos el circuito equivalente de R2-3 y R4-5-6-7:

R2-3-4-5-6-7 = R2-3 x R4-5-6-7/(R2-3 + R4-5-6-7)

Como puede verse en la nueva gráfica el circuito deja de ser mixto, por lo cual finalmente podemos averiguar: Rt = R1 + R2-3-4-5-6-7

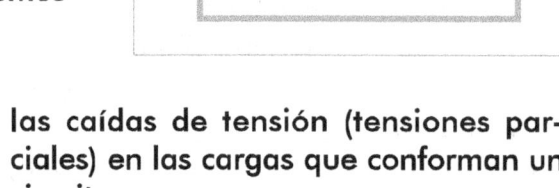

TENSIÓN e INTENSIDAD: cuando los circuitos no son muy complejos y pueden reducirse a circuitos serie o paralelo, se aplica lo estudiado en circuitos serie para las cargas que están en serie, y lo estudiado en circuitos en paralelo para las cargas que están en paralelo.

Si los circuitos son más complejos o no pueden reducirse a los circuitos serie o paralelo, se emplean las **LEYES DE KIRCHHOFF**, las cuales son aplicables solamente si se trabaja con D.C.

Ley de las tensiones: la sumatoria de las fuentes es igual a la sumatoria de las caídas de tensión (tensiones parciales) en las cargas que conforman un circuito:

$$\Sigma E \text{ fuentes} = \Sigma E \text{ parciales}$$
$$\Sigma E \text{ fuentes} = \Sigma IR$$

Para la aplicación de esta primera ley es conveniente tener en cuenta:

• Se consideran únicamente circuitos en serie.

• Si se tienen varias fuentes, se debe suponer un sólo sentido para la corriente que circula por el circuito.

Las tensiones parciales o caídas de tensión se obtienen multiplicando la intensidad por cada una de las resistencias del circuito.
Si al averiguar el valor de la intensidad se obtiene una cantidad negativa, el valor absoluto hallado es de todas maneras el correcto, por cuanto el signo negativo únicamente nos indica que el sentido supuesto no era el apropiado.

Ley de las intensidades: las corrientes que llegan a un nodo son iguales a las que salen del mismo.

$$\Sigma I \text{ que entran} = \Sigma I \text{ que salen}$$

Para la aplicación de esta ley es conveniente tener en cuenta los siguientes aspectos:

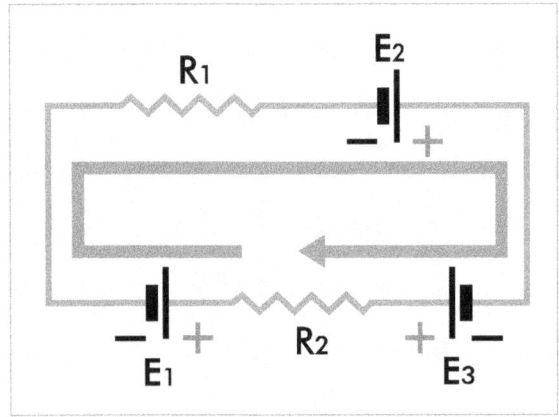

$$\Sigma E_{\text{fuentes}} = \Sigma IR$$
$$\mathbf{E_1 - E_2 + E_3 = IR_1 + IR_2 + IR_3}$$

Si el sentido de la corriente entregada por una fuente coincide con el sentido supuesto, se le asigna un valor positivo, de lo contrario se le asigna un valor negativo.

48

Es necesario tener circuitos en paralelo o mixtos, de manera que se establezcan tantas trayectorias como ramas haya.

Cada trayectoria se considera como un circuito estrictamente serie, que parte de la fuente y retorna a la misma.

En el siguiente diagrama tenemos un circuito con cuatro nodos (puntos donde se bifurca la corriente) y tres trayectorias (ramas). En él podemos observar claramente cómo las corrientes que llegan a un nodo, son exactamente iguales a las corrientes que salen del mismo.

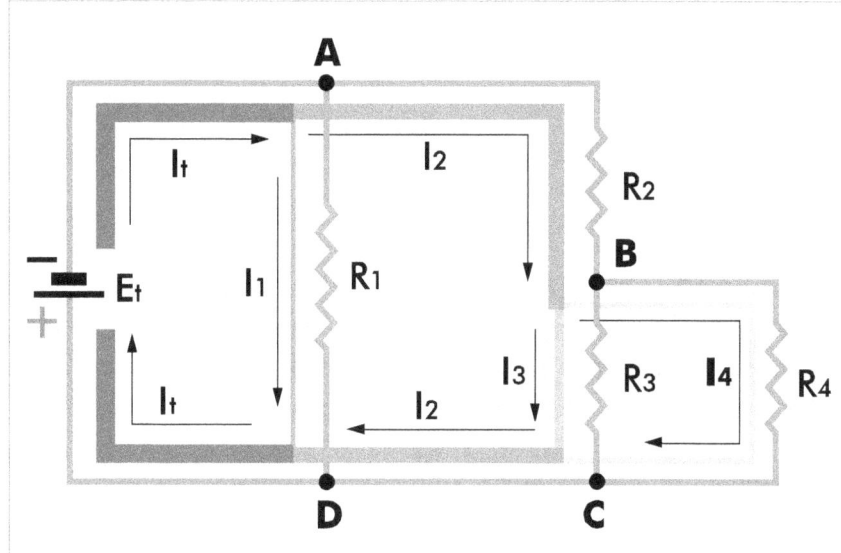

nodo A: a él le llega la It y salen del mismo I1 e I2

nodo B: a él le llega la I2 y salen del mismo I3 e I4

nodo C: a él le llegan I3 e I4 y sale del mismo I2

nodo D: a él le llegan I1 e I2 y sale del mismo la It

TRAYECTORIAS: la primera con R1, la segunda con R2 y R3 y la tercera R2 y R4.

Se establece un sistema de ecuaciones de primer grado, con una ecuación por cada trayectoria, basándose en la ley de las tensiones:

• primera trayectoria: $E_t = I_1 R_1$
• segunda trayectoria: $E_t = I_2 R_2 \times I_3 R_3$
• tercera trayectoria: $E_t = I_2 R_2 \times I_4 R_4$

Se han formulado tres ecuaciones, pero se tienen cuatro incógnitas (el número de incógnitas debe ser igual al número de ecuaciones), por lo cual debe eliminarse alguna de ellas, en base a las siguientes igualdades que se obtienen aplicando la ley de las intensidades:

$$I_t = I_1 + I_2$$
$$I_2 = I_3 + I_4$$

Luego se van averiguando los valores de las intensidades (parciales y total), aplicando cualesquiera de los sistemas que se conocen para la solución de ecuaciones simultáneas de primer grado, con dos o más incógnitas.

Las dos leyes de Kirchhoff se aplican simultáneamente, es necesario identificar las diferentes intensidades y finalmente es necesario conocer los valores de las resistencias.

POTENCIA: La potencia total (Pt) en los circuitos serie-paralelos es igual a la sumatoria de todas las potencias parciales, porque se ha visto anteriormente que tanto en los circuitos serie, como en los circuitos paralelo, la potencia total es la suma de las potencias parciales:

$$P_t = P_1 + P_2 + P_3 + \ldots P_n$$

49

EJERCICIOS DE APLICACIÓN CON CIRCUITOS MIXTOS

1. Averigua la R𝗍 del siguiente circuito.

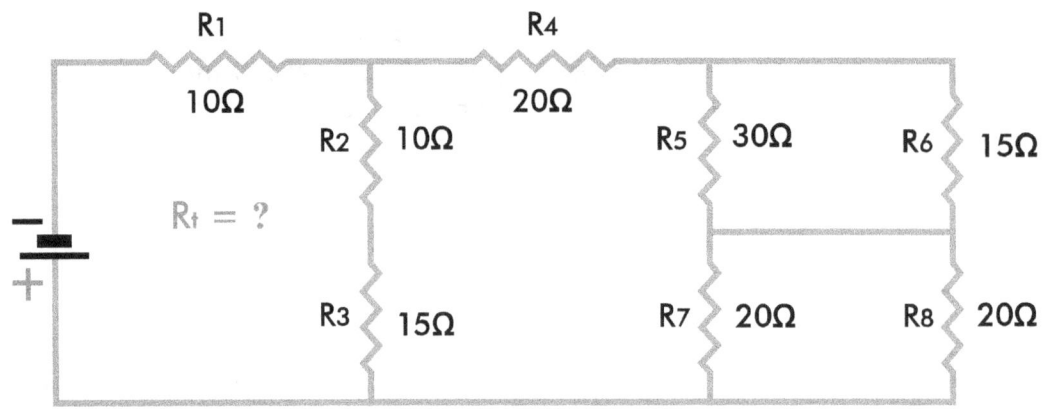

Examinando el circuito vemos que R2 y R3 están únicamente en serie, R5 con R6 y R7 con R8 están solamente en paralelo, de manera que podemos comenzar con cualesquiera de los tres. A manera de ejemplo sigamos un proceso.

Después de obtener las tres resistencias equivalentes, el circuito quedará como sigue:

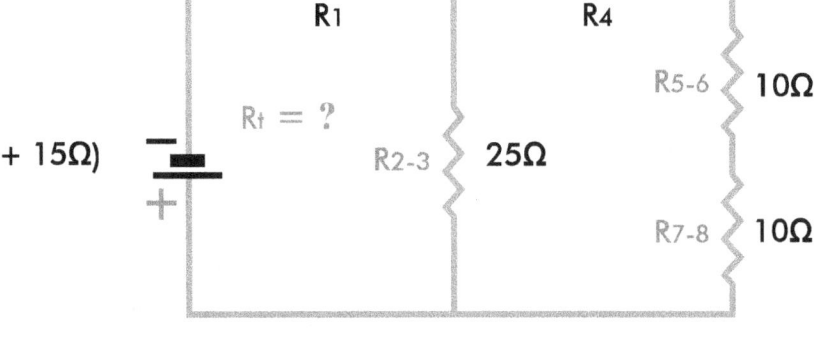

$R_{2\text{-}3} = 10\Omega + 15\Omega$

$R_{2\text{-}3} = 25\Omega$

$R_{5\text{-}6} = 30\Omega \times 15\Omega /(30\Omega + 15\Omega)$

$R_{5\text{-}6} = 450\Omega / 45\Omega$

$R_{5\text{-}6} = 10\Omega$

$R_{7\text{-}8} = 20\Omega / 2$

$R_{7\text{-}8} = 10\Omega$

La resistencia equivalente de R4, R5-6 y R7-8:

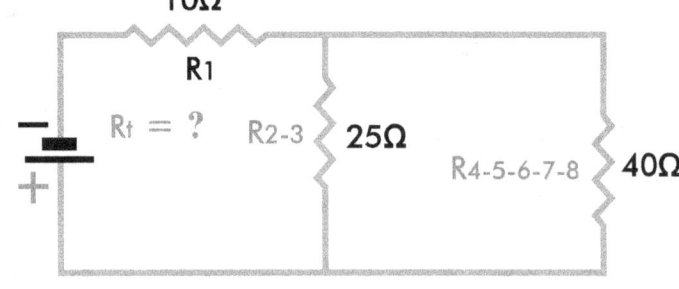

$R_{4\text{-}5\text{-}6\text{-}7\text{-}8} = 20\Omega + 10\Omega + 10\Omega$

$R_{4\text{-}5\text{-}6\text{-}7\text{-}8} = 40\Omega$

El esquema del lado muestra el valor de la resistencia equivalente.

La resistencia equivalente de R2-3 y R4-5-6-7-8 será:

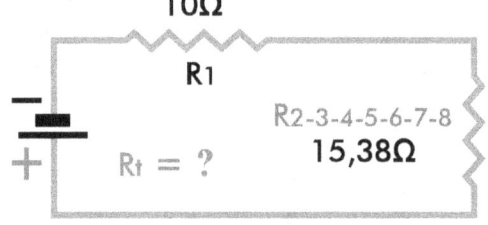

$R_{2\text{-}3\text{-}4\text{-}5\text{-}6\text{-}7\text{-}8} = 25\Omega \times 40\Omega / (25\Omega + 40\Omega)$

$R_{2\text{-}3\text{-}4\text{-}5\text{-}6\text{-}7\text{-}8} = 1.000\Omega / 65\Omega$

$R_{2\text{-}3\text{-}4\text{-}5\text{-}6\text{-}7\text{-}8} = 15,38\Omega$

Finalmente la R$_t$ del circuito será:
$$R_t = 10\Omega + 15,38\Omega$$
$$R_t = 25,38\Omega$$

2. Averigua la R$_6$, I$_2$, E$_5$ y P$_3$ en el siguiente circuito.

Con base en la información que se encuentra en el circuito, existen muchas formas de averiguar los datos solicitados. Lo importante es seguir un proceso lógico.

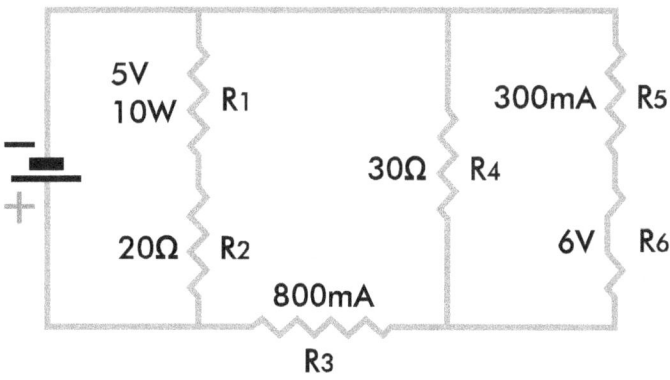

$$I_1 = P_1 / E_1$$
$$I_1 = 10W / 5V$$
$$I_1 = 2A$$

$$I_1 = I_2$$
$$I_2 = 2A$$

$$I_3 = I_4 + I_{5-6}$$

$$I_4 = I_3 - I_{5-6}$$
$$I_4 = 800mA - 300mA$$
$$I_4 = 500mA$$

$$E_4 = I_4 \times R_4$$
$$E_4 = 0,5A \times 30\Omega \quad E_4 = 15V$$
$$E_4 = E_{5-6}$$

$$E_{5-6} = 15V$$
$$E_{5-6} = E_5 + E_6$$

$$E_5 = E_{5-6} - E_6$$

$$E_5 = 15V - 6V$$
$$E_5 = 9V$$

$$R_6 = E_6 / I_6$$
$$R_6 = 6V / 0,3A$$
$$R_6 = 20\Omega \quad E_2 = I_2 \times R_2$$

$$E_2 = 2A \times 20\Omega \quad E_2 = 40V$$

$$E_{1-2} = E_1 + E_2$$
$$E_{1-2} = 5V + 40V$$
$$E_{1-2} = 45V$$
$$E_{1-2} = E_4 + E_3$$

$$E_3 = E_{1-2} - E_4$$
$$E_3 = 45V - 15V$$
$$E_3 = 30V$$

$$P_3 = I_3 \times E_3$$
$$P_3 = 0,8A \times 30V$$
$$P_3 = 24W$$

3. Averigua la E$_t$, R$_4$, R$_3$ y R$_1$ teniendo los siguientes datos:

I$_t$ = 0,5A   I$_4$ = 250mA
R$_{2-3}$ = 60Ω P$_5$ = 1,25W
I$_2$ = 100mA   P$_1$ = 2,5W

$$I_1 = I_t = 0,5A$$

$$R_1 = P_1 / (I_1)^2$$
$$R_1 = 2,5W / (0,5A)^2$$
$$R_1 = 2,5W / 0,25A^2$$
$$R_1 = 10\Omega$$

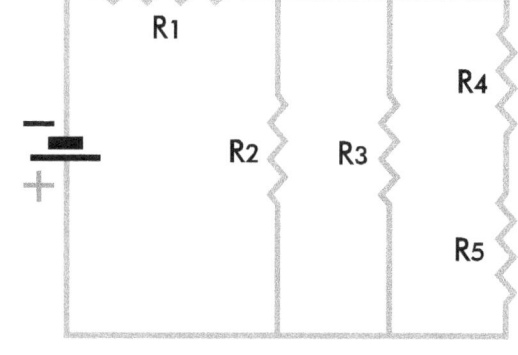

$I_4 = I_5 = 0,25A$
$I_1 = I_2 + I_3 + I_{4-5}$

$I_3 = I_1 - I_2 - I_{4-5}$
$I_3 = 0,5A - 0,1A - 0,25A$
$I_3 = 0,15A$

$I_{2-3} = I_1 - I_{4-5}$

$E_{2-3} = I_{2-3} \times R_{2-3}$
$E_{2-3} = 0,25A \times 60\Omega \quad E_{2-3} = 15V$

$E_2 = E_3 = 15V$

$R_3 = E_3 / I_3$
$R_3 = 15V / 0,15A$
$R_3 = 100\Omega$

$E_5 = P_5 / I_5$
$E_5 = 1,25W / 0,25A$
$E_5 = 5V$

$E_{4-5} = E_{2-3} = 15V$
$E_{4-5} = E_4 + E_5$

$E_4 = E_{4-5} - E_5$
$E_4 = 15V - 5V$
$E_4 = 10V$

$R_4 = E_4 / I_4$
$R_4 = 10V / 0,25A$
$R_4 = 40\Omega$

$R_{4-5} = E_{4-5} / I_{4-5}$
$R_{4-5} = 15V / 0,25A$
$R_{4-5} = 60\Omega$
$R_{4-5} = R_{2-3} = 60\Omega$

$R_{2-3-4-5} = R_{2-3} / 2$
$R_{2-3-4-5} = 60\Omega / 2$
$R_{2-3-4-5} = 30\Omega$

$R_t = R_1 + R_{2-3-4-5}$
$R_t = 10\Omega + 30\Omega$
$R_t = 40\Omega$

$E_t = I_t \times R_t$
$E_t = 0,5A \times 40\Omega$
$E_t = 20V$

4. **Averigua la** I_t, I_1, I_2, I_3 **e** I_4 **si tenemos los siguientes datos:**

$R_1 = 10\ \Omega$
$R_2 = 15\ \Omega$
$R_3 = 30\ \Omega$
$R_4 = 40\ \Omega$
$E_t = 120V$

El presente circuito puede solucionarse mediante circuitos equivalentes y la ley de ohm, sin embargo resolvámoslo aplicando las leyes de Kirchhoff.

Establecemos las trayectorias:

• primera trayectoria compuesta por R1, R2 y R4

• segunda trayectoria compuesta por R1, R3 y R4

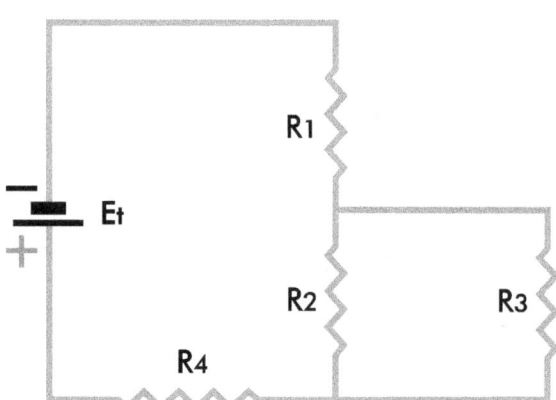

Formamos un sistema de ecuaciones:

$E_t = R_1 \times I_1 + R_2 \times I_2 + R_4 \times I_4$
$E_t = R_1 \times I_1 + R_3 \times I_3 + R_4 \times I_4$

Empleando la ley de las intensidades, establecemos algunas igualdades para reducir el número de incógnitas:

$I_1 = I_2 + I_3$

$I_3 = I_1 - I_2$

$I_4 = I_1$

Sustituímos I_3 e I_4 en el sistema de ecuaciones:

$E_t = R_1 \times I_1 + R_2 \times I_2 + R_4 \times I_1$
$E_t = R_1 \times I_1 + R_3 \times (I_1 - I_2) + R_4 \times I_1$

Sustituímos el valor de las resistencias en las dos ecuaciones:

$120V = 10\Omega\, I_1 + 15\Omega\, I_2 + 40\Omega\, I_1$
$120V = 10\Omega\, I_1 + 30\Omega\, (I_1 - I_2) + 40\Omega\, I_1$

Resolvemos las operaciones y reducimos términos:

$120V = 50\Omega\, I_1 + 15\Omega\, I_2$
$120V = 80\Omega\, I_1 - 30\Omega\, I_2$

Resolvemos el sistema de ecuaciones por sumas y restas:

5. Averigua en el siguiente circuito la I_t, I_1, I_2, I_3, I_4, I_5 e I_6 teniendo los siguientes datos:

$R_1 = 40\ \Omega$ $R_5 = 30\ \Omega$
$R_2 = 20\ \Omega$ $R_6 = 20\ \Omega$
$R_3 = 15\ \Omega$ $E_t = 100V$
$R_4 = 20\ \Omega$

Establecemos tres posibles trayectorias:

primera trayectoria: R_1, R_2 y R_5
segunda trayectoria: R_1, R_2, R_4 y R_6
tercera trayectoria: R_1, R_3 y R_6

Formamos un sistema de ecuaciones:

$R_1 I_1 + R_2 I_2 + R_5 I_5 = E_t$

$R_1 I_1 + R_2 I_2 + R_4 I_4 + R_6 I_6 = E_t$

$R_1 I_1 + R_3 I_3 + R_6 I_6 = E_t$

$240V = 100\Omega\, I_1 + 30\Omega\, I_2$
$120V = 80\Omega\, I_1 - 30\Omega\, I_2$
$\overline{360V = 180\Omega\, I_1 //}$
$I_1 = 360V / 180\Omega$
$I_1 = 2A$

Retomamos la primera ecuación:

$120V = 50\Omega\, I_1 + 15\Omega\, I_2$
$120V = 50\Omega\, 2A + 15\Omega\, I_2$
$120V = 100V + 15\Omega\, I_2$

$15\Omega\, I_2 = 20V$
$I_2 = 20V / 15\Omega$
$I_2 = 1{,}33A$

Con los valores hallados averiguamos las otras incógnitas:

$I_1 = I_4 = I_t = 2A$

$I_3 = I_1 - I_2$
$I_3 = 2A - 1{,}33A$
$I_3 = 0{,}67A$

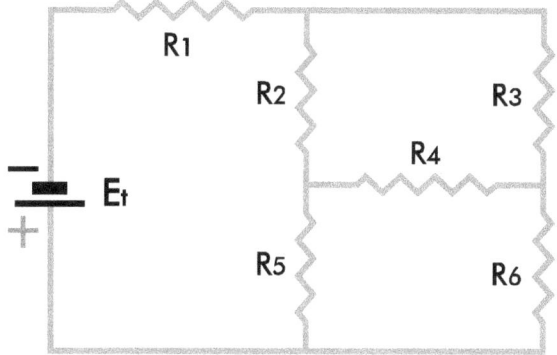

Establecemos las igualdades para reducir el número de incógnitas:

$I_t = I_1$ $I_1 = I_2 + I_3$
$I_t = I_5 + I_6$ $I_3 = I_1 - I_2$
$I_1 = I_5 + I_6$ $I_2 = I_4 + I_5$
$I_6 = I_1 - I_5$ $I_4 = I_2 - I_5$

Sustituímos para reducir el número de incógnitas en el sistema de ecuaciones:

$$R_1 I_1 + R_2 I_2 + R_5 I_5 = E_t$$
$$R_1 I_1 + R_2 I_2 + R_4 (I_2 - I_5) + R_6 (I_1 - I_5) = E_t$$
$$R_1 I_1 + R_3 (I_1 - I_2) + R_6 (I_1 - I_5) = E_t$$

Sustituímos con los valores conocidos en las ecuaciones:

$$40\Omega\, I_1 + 20\Omega\, I_2 + 30\Omega\, I_5 = 100V$$
$$40\Omega\, I_1 + 20\Omega\, I_2 + 20\Omega\, (I_2 - I_5) + 20\Omega\, (I_1 - I_5) = 100V$$
$$40\Omega\, I_1 + 15\, (I_1 - I_2) + 20\Omega\, (I_1 - I_5) = 100V$$

Resolvemos las operaciones indicadas y simplificamos:

$$(1) \quad 40\Omega\, I_1 + 20\Omega\, I_2 + 30\Omega\, I_5 = 100V$$
$$(2) \quad 60\Omega\, I_1 + 40\Omega\, I_2 - 40\Omega\, I_5 = 100V$$
$$(3) \quad 75\Omega\, I_1 - 15\Omega\, I_2 - 20\Omega\, I_5 = 100V$$

Resolvemos el sistema de ecuaciones:

$$(1) \quad 40\Omega\, I_1 + 20\Omega\, I_2 + 30\Omega\, I_5 = 100V \quad (\times -2)$$
$$(2) \quad 60\Omega\, I_1 + 40\Omega\, I_2 - 40\Omega\, I_5 = 100V$$

$$(1a) \quad -80\Omega\, I_1 - 40\Omega\, I_2 - 60\Omega\, I_5 = -200V$$
$$(2) \quad 60\Omega\, I_1 + 40\Omega\, I_2 - 40\Omega\, I_5 = 100V$$
$$\overline{}$$
$$(4) \quad -20\Omega\, I_1 \qquad // \qquad - 100\Omega\, I_5 = -100V$$

$$(2) \quad 60\Omega\, I_1 + 40\Omega\, I_2 - 40\Omega\, I_5 = 100V \quad (\times 3)$$
$$(3) \quad 75\Omega\, I_1 - 15\Omega\, I_2 - 20\Omega\, I_5 = 100V \quad (\times 8)$$

$$(2a) \quad 180\Omega\, I_1 + 120\Omega\, I_2 - 120\Omega\, I_5 = 300V$$
$$(3a) \quad 600\Omega\, I_1 - 120\Omega\, I_2 - 160\Omega\, I_5 = 800V$$
$$\overline{}$$
$$(5) \quad 780\Omega\, I_1 \qquad // \qquad - 280\Omega\, I_5 = 1100V$$

$$(4) \quad -20\Omega\, I_1 - 100\Omega\, I_5 = - 100V \quad (\times 14)$$
$$(5) \quad 780\Omega\, I_1 - 280\Omega\, I_5 = 1100V \quad (\times -5)$$

$$(4a) \quad -280\Omega\, I_1 - 1400\Omega\, I_5 = -1400V$$
$$(5a) \quad -3900\Omega\, I_1 + 1400\Omega\, I_5 = -5500V$$
$$\overline{}$$
$$-4180\Omega\, I_1 \qquad // \qquad = -6900V$$

$$4180\Omega\, I_1 = 6900V$$

$$I_1 = 6900V / 4180\Omega$$

$$I_1 = 1,65A$$

$$I_t = I_1 = 1,65A$$

(4) $-20\Omega\ I_1 - 100\Omega\ I_5 = -100V$

Sustituyendo el valor de I_1:

$$-20\Omega \times 1,65A - 100\Omega\ I_5 = -100V$$
$$-33V - 100\Omega\ I_5 = -100V$$
$$-100\Omega\ I_5 = -67V$$
$$100\Omega\ I_5 = 67V$$
$$I_5 = 67V / 100\Omega$$
$$I_5 = 0,67A$$

(1) $40\Omega\ I_1 + 20\Omega\ I_2 + 30\Omega\ I_5 = 100V$

Sustituyendo los valores de I_1 e I_5:

$$40\Omega \times 1,65A + 20\Omega\ I_2 + 30\Omega \times 0,67A = 100V$$
$$66V + 20\Omega\ I_2 + 20,1V = 100V$$
$$20\Omega\ I_2 = 13,9V$$
$$I_2 = 13,9V / 20\Omega$$
$$I_2 = 0,695A$$

Sustituyendo los valores hallados en las igualdades establecidas, de acuerdo a la ley de las intensidades, podemos averiguar las intensidades faltantes:

$$I_3 = I_1 - I_2$$
$$I_3 = 1,65A - 0,695A$$
$$I_3 = 0,955A$$

$$I_4 = I_2 - I_5$$
$$I_4 = 0,695A - 0,67A$$
$$I_4 = 0,025A$$

$$I_6 = I_1 - I_5$$
$$I_6 = 1,65A - 0,67A$$
$$I_6 = 0,98A$$

Tomando en cuenta lo visto hasta el momento resuelve los siguientes ejercicios, pero es recomendable que uses varios procesos y no uno sólo.

6. Averigua la I2, I4, E1, E6, P3, P5 y Pt en el siguiente circuito.

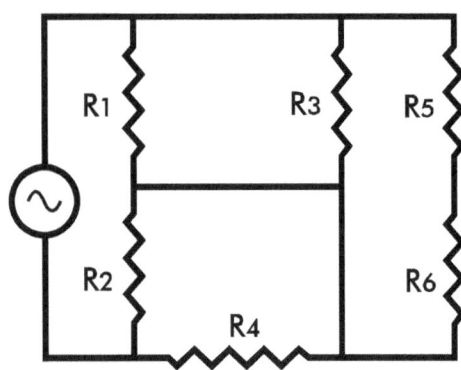

Datos:

R1 = 100Ω	R4 = 300Ω
R2 = 150Ω	R5 = 140Ω
R3 = 100Ω	R6 = 60Ω
	It = 1,5A

7. Averigua la R3, R4, R5, P2, P4 e It en el siguiente circuito.

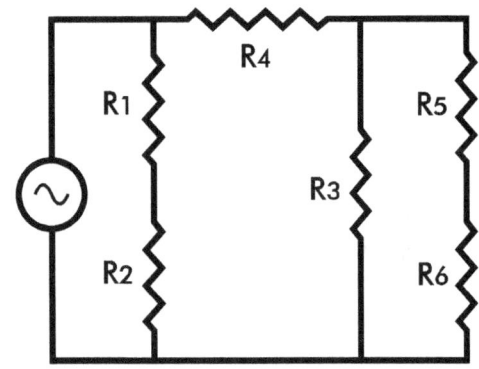

Datos:

	R6 = 500Ω
Et = 120V	I2 = 0,1A
E4 = 30V	I3 = 500mA
R1 = 100Ω	P6 = 5W

10. Averigua la I1, I2, I3, It, E1, E2, E4 y P4 en el siguiente circuito.

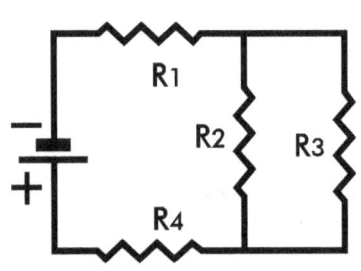

Datos:

Et = 160V
R1 = 50Ω
R2 = 200Ω
R3 = 300Ω
R4 = 150Ω

8. Averigua la R1, R2, R6, Rt, I3, I4, I5, y P6 en el siguiente circuito.

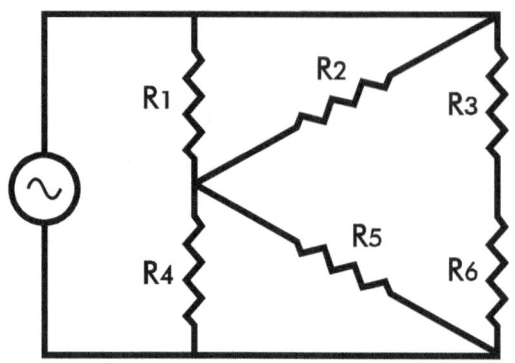

Datos:

Et = 120V	R5 = 150Ω
E3 = 40V	I1 = 800mA
R3 = 200Ω	Pt = 180W
R4 = 350Ω	P4-5 = 4,2W

9. Averigua la P2, P3, Pt, It, E1 y E4 en el siguiente circuito.

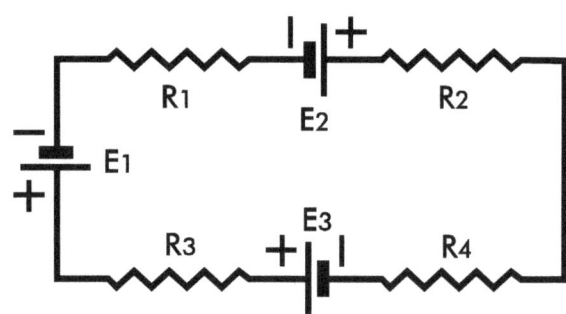

Datos:

	R4 = 168Ω
R1 = 138Ω	E1 = 110V
R2 = 158Ω	E2 = 50V
R3 = 136Ω	E3 = 30V

11. Averigua la Rt, E3, P4, I1, I2, I3, I4 e I5 en el siguiente circuito.

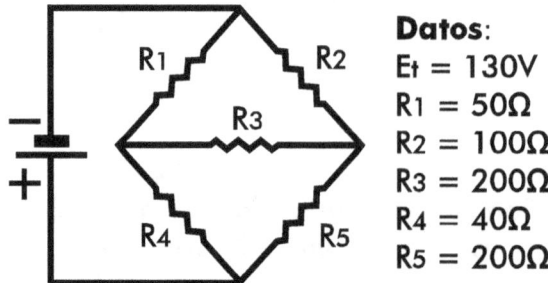

Datos:

Et = 130V
R1 = 50Ω
R2 = 100Ω
R3 = 200Ω
R4 = 40Ω
R5 = 200Ω

Cercado Eléctrico - Parte 1

CONTENIDO

INTRODUCCIÓN

El Cerco Energizado de Seguridad es una barrera de alto poder disuasivo contra intentos de intrusión, el Energizador de Cercos Power Shock Home™, emite 1 pulso de 7600 Volt de 0,055 milisegundo de duración. Esta tensión pulsante es aplicada a los conductores de alambre de aluminio del tendido que rodea el perímetro protegido con una frecuencia de repetición de 1,25 segundos (48 pulsos por minuto). La máxima energía de salida es de 0.42 Joule medidos sobre 500 ohm de carga.

Este sistema opera sobre el umbral de pánico pero muy por debajo del umbral mínimo de Fibrilación Ventricular, **cumpliendo las normas IEC 60335-2-76 de seguridad humana**. Al intentar penetrar el perímetro protegido por el tendido, el intruso recibe una descarga de 7600 Volt -sumamente desagradable- pero que no compromete la vida ni la salud de la persona que ilegalmente trata de entrar a la propiedad protegida.

Al ser puesto a tierra en el intento de intrusión, Power Shock Home™ reconoce la interrupción en su circuito emitiendo una señal de aviso.

INFORMACIÓN IMPORTANTE

ESTE EQUIPO DEBE SER MANIPULADO CON CRITERIOS DE SEGURIDAD RIGUROSOS PARA EVITAR CHOQUES DE ELECTRICIDAD ACCIDENTALES DURANTE SU INSTALACIÓN Y PUESTA EN MARCHA.

DEBERÁ SER USADO POR PERSONAS IDÓNEAS Y CAPACITADAS PARA ESTA ACTIVIDAD, NO PERMITIENDO EL USO A NIÑOS O PERSONAS CON ALGUNA ENFERMEDAD QUE DISMINUYA SUS CAPACIDADES FÍSICAS O MENTALES.

SE DEBEN SEGUIR LAS INSTRUCCIONES SIN PASAR POR ALTO NINGUNA DE LAS RECOMENDACIONES ESPECIFICADAS EN ESTE MANUAL, TANTO EN LA INSTALACIÓN COMO EN LA PUESTA EN MARCHA DEL SISTEMA.

Power Shock Home™ tiene cuatro cables de salida que son conectados a las borneras V-V1 y T-T1.

"V" y "V1" son los dos extremos del cable de salida de alta tensión conectadas al cerco a los conductores vivos, los cuales darán la descarga eléctrica en el caso de ser tocados en el intento de intrusión.

La salida "T" debe ser vinculada a tierra y será una de las salidas a conectar al cerco por electrificar, según el diagrama de conexiones incluido en este manual. "T1" es conectada al retorno de "T".

> TODOS LOS CONDUCTORES DE UN CERCO ENERGIZADO CON POWER SHOCK HOME™,
> SON MONITOREADOS Y DARÁN SEÑALES DE ALARMA.

Las conexiones desde Power Shock Home™ hasta la cerca deberán ser realizadas con cables de alta tensión normalizados, para evitar descargas indeseadas y probables pérdidas de energía.

PANEL FRONTAL DE INDICADORES LED

ENCENDIDO
LED indicador de encendido.

PULSO
Un LED destella siguiendo la generación de pulsos de alta tensión, este cesará en caso de ser abierta la puerta del gabinete.

ALARMA
Este LED enciende en caso de alarma ya sea por descarga, cable cortado o támper.

BATERÍA BAJA
LED indicador de baja batería.

61

ESTADO DE ALARMA

ACTIVACIÓN POR DESCARGA

Esta será detectada cuando haya una descarga por unir el cable vivo "V"-"V1" y tierra "T"-"T1" o por generación de la descarga a tierra por el intento de intrusión, en estos casos se encenderá un LED de indicación de alarma. La activación de alarma sería en la primera o tercera descarga de acuerdo a la posición del jumper H2 (entre el pin central y el superior será en una descarga y entre el pin central y el inferior será en la tercera descarga).

ACTIVACIÓN POR CABLE CORTADO

En el caso que sea cortado cualquiera de los cables "V"-"V1" o "T"-"T1" será detectado encendiendo el mismo LED que en caso de una alarma. Éste se activará al detectar la ausencia de 5 pulsos.

ACTIVACIÓN POR TAMPER

El Tamper no se coloca de fábrica. Para poder conectarlo hay que remover el jumper que está en la placa de Leds y conectar un contacto NA. Puede ser un reed-switch auto-adhesivo en la tapa y un imán en la base.

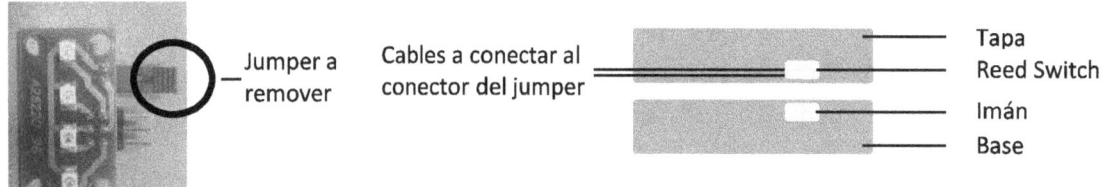

Esta alarma se activará en caso que sea abierta la tapa del gabinete estando encendido el Power Shock Home™, si esto sucede se encenderá el mismo LED de alarma; como medida de seguridad se inhibirá la generación de pulsos con lo que se anularán los riesgos de descarga dentro del gabinete.

RELAY

En los tres casos de Alarma se activará un Relay, el mismo es regulable desde un preset en la placa identificado como "RY1", solo cambia de estado en caso de una alarma.

Cuando se produzca una activación por cualquiera de los tres casos, si esta se

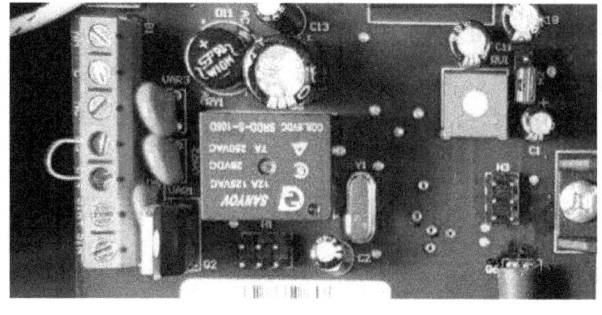

normaliza, quedará memorizada hasta que el equipo sea reseteado. Esto se podrá ver ya que estará titilando el LED de Encendido.

En caso de ser conectado a una central de alarmas se recomienda colocar en la entrada de la misma junto con el cable, un capacitor de 0,1 µF x 100 V, para evitar probables falsos disparos como se indica en el siguiente esquema.

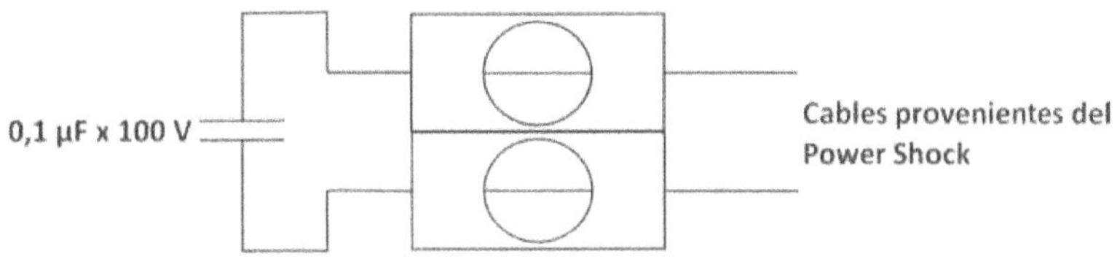

CONTROL REMOTO

Power Shock Home™ tiene en la izquierda de su placa una bornera para conectar un control remoto "CR", en el caso de querer hacerlo retirar el puente que une los bornes y conectar los contactos del relay del control remoto en ese lugar.

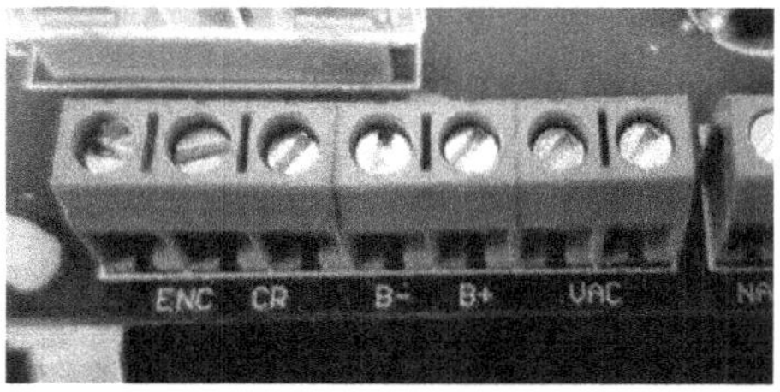

EL RECEPTOR DEL CONTROL REMOTO DEBE QUEDAR SIEMPRE POR FUERA DEL GABINETE DEL POWER SHOCK HOME™.

SALIDA A SIRENA

Esta salida está preparada para conectar una sirena de consumo máximo de 250 mA.

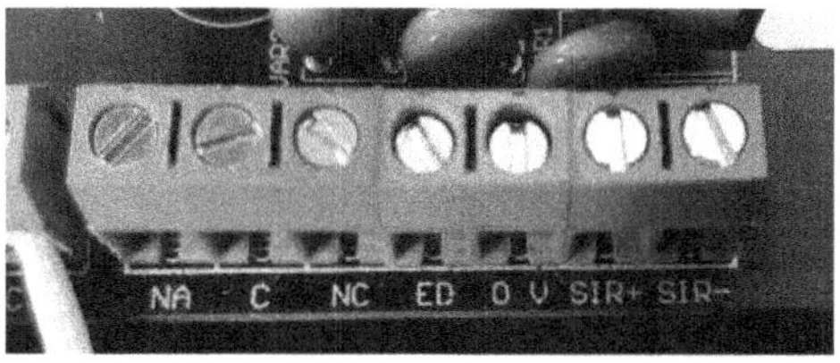

INTERRUPTOR DE ENCENDIDO

Para evitar el encendido o apagado accidental por personas no autorizadas el interruptor es una llave que se podrá retirar en ambas posiciones.

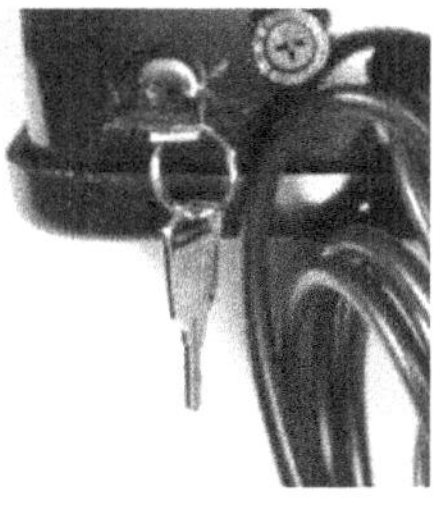

FUSIBLES

FUSIBLE DE RED

Este fusible de 1 A será de protección por desperfectos en alimentación desde la red de corriente alterna del lugar de instalación.

El fusible se encuentra en la parte inferior del gabinete en un porta fusible con tapa a rosca.

FUSIBLE DE 12 V

Fusible de baja tensión 1.5 A ubicado en la placa del circuito impreso para protegerlo.

BATERÍA

El equipo necesita que se coloque una batería de gel de 12V 7A siendo su vida útil entre 8 y 18 meses debiendo ser reemplazada si fuera necesario con una de las mismas características para asegurar su correcto funcionamiento y carga.

La batería deberá ser del tipo recargable no pudiéndose usar una que no lo sea. Para reemplazar la batería debe ser desactivado el equipo y desconectado de la red.

La polaridad está indicada con un terminal negro para el negativo y un terminal rojo para el positivo.

La posición es horizontal con los terminales hacia la tapa. Verificar la fijación de la misma.

La batería deberá ser removida del aparato antes de ser desechada debiendo hacerse en forma segura según las reglamentaciones vigentes del lugar donde sea instalado el Power Shock Home™.

REGULACIÓN DE LA TENSIÓN DE SALIDA

Esto podrá ser realizado por el instalador capacitado. Se regulará desde el trimpot ubicado en la placa señalado como RV2, en sentido anti horario aumentará y en sentido horario disminuirá.

Para regular la tensión se deberá proceder de la siguiente manera:

1. Con el Power Shock Home™ encendido abrir el gabinete para que el equipo deje de emitir pulsos o retirar el jumper en la placa de leds en caso de no estar conectado el tamper..
2. Con un multímetro en la escala de 1000 V de tensión continua, se medirá el voltaje en los bornes del capacitor de 2.2 µF C6 o C16. Éste valor nunca deberá ser superior a 650 V. en

ENTRADA DIGITAL

Power Shock Home™ tiene una entrada digital para conectar un dispositivo de contacto seco como sensores magnéticos o de movimiento. La alarma del mismo es reportada a través del relay del energizador sin discriminar en cerco eléctrico o entrada digital.

La bornera de conexión está indicada con las letras "ED".

ESPECIFICACIONES TÉCNICAS

TENSIÓN DE ALIMENTACIÓN	220	VOLTS
FRECUENCIA	50	HERTZ
TENSIÓN DE SALIDA SIN CARGA	7.600	VOLTS
TENSIÓN DE SALIDA SOBRE UNA RESISTENCIA DE 1 KOHM	5.100	VOLTS
TENSIÓN DE SALIDA SOBRE UNA RESISTENCIA DE 500 OHM	3.000	VOLTS
ENERGÍA DE SALIDA SOBRE UNA RESISTENCIA DE 1 KOHM	0.6	JOULE
ENERGÍA DE SALIDA SOBRE UNA RESISTENCIA DE 500 OHM	0.42	JOULE
FRECUENCIA DE PULSOS	48	PULSOS/MIN
FRECUENCIA DE PULSOS CON BAJA BATERÍA	30	PULSOS/MIN
MAXIMA RESISTENCIA DEL CERCO ELÉCTRICO	1.000	OHMS
CORRIENTE DE CONSUMO EN FUNCIONAMIENTO NORMAL	95	mA

Este sistema cumple con la norma internacional IEC 60335-2-76. La misma establece parámetros de seguridad para minimizar shocks eléctricos accidentales salvo que se intente penetrar la barrera física, o se encuentren en el área segura sin la debida autorización.

Una instalación típica de un Cerco Energizado está conformada por dos partes:

- Instalación y Armado del Cerco
- Conexionado del Power Shock Home™ al Cerco

Nota: Ante cualquier duda observar la última versión disponible de la norma internacional IEC 60335-2-76. Asesorarse por la existencia de reglamentaciones locales complementarias o sustitutas para su instalación. En Argentina remitirse a AEA 90364-7-771.

INSTALACIÓN Y ARMADO DEL CERCO ELÉCTRICO DE SEGURIDAD

Los cercos eléctricos de seguridad deberán ser instalados, operados y mantenidos de modo tal, de minimizar el peligro a las personas y reducir el riesgo de que las mismas reciban un shock eléctrico, salvo que intenten penetrar la barrera física, o se encuentren en el área segura sin la debida autorización.

Las construcciones de cercos eléctricos de seguridad que puedan conducir al atrapamiento de personas serán evitadas.

Las puertas y portones de entradas de los cercos eléctricos de seguridad deberán poder ser abiertas sin que la persona reciba un shock eléctrico.

El cerco eléctrico de seguridad no debe ser alimentado por dos energizadores al mismo tiempo como tampoco circuitos de cerco independientes de un único energizador.

Para dos cercos eléctricos de seguridad separados, cada uno alimentado por un energizador diferente, la distancia entre los alambres de los dos cercos eléctricos de seguridad será como mínimo de 2,5 m. Si esta brecha tuviera que cerrarse, esto se efectuará mediante material no conductivo eléctricamente o una barrera metálica aislada.

El alambre de púa o el alambre concertina no deberá ser electrificado por un energizador.

Nota 1: En la medida de lo posible la distancia entre cualquier electrodo de tierra del cerco eléctrico de seguridad y demás sistemas de tierra debería ser de como mínimo 10 m.

Las partes conductivas expuestas de la barrera física serán puestas efectivamente a tierra.

Cuando un cerco eléctrico de seguridad pasa por debajo de conductores de líneas eléctricas y desnudos, el elemento metálico más alto será efectivamente puesto a tierra para una distancia de como mínimo 5 m a cualquier lado del punto de cruce.

Los cables conectores dentro de los edificios deberán ser efectivamente aislados de las partes estructurales del mismo con bajada a tierra. Esto puede conseguirse utilizando cable aislado de alta tensión.

Los cables conectores subterráneos serán desplegados en conductos de material aislante o en su defecto se utilizará cable de alta tensión aislado. Debe tenerse cuidado de evitar dañar los cables conductores debido a los efectos de las ruedas de vehículos que se hunden en la tierra.

Los cables conectores no se deberán instalar en el mismo conducto que el cableado de alimentación de línea, de los cables de comunicación o de datos.

Los cables conectores y los alambres de cercos eléctricos de seguridad no deberán cruzar por arriba de las líneas aéreas de transmisión eléctrica o de comunicación.

Se evitará en todo lo posible el cruce con líneas eléctricas aéreas. Si el cruce no puede ser evitado se realizará por debajo de la línea eléctrica y tanto como sea posible a ángulos rectos respecto de ella.

Si los cables conectores y los alambres de cercos eléctricos de seguridad son instalados cerca de una línea eléctrica aérea, la distancia respecto de la misma no será inferior a las indicadas en el siguiente cuadro:

Tensión de la línea eléctrica V	Distancia m
≤ 1.000	3
> 1.000 y ≤ 33.000	4
> 33.000	8

Si los cables conectores y los alambres de cercos eléctricos de seguridad son instalados cerca de una línea eléctrica aérea, la altura de los mismos sobre la tierra no será mayor de 3 m.

Esta altura se aplica a cualquier costado de la proyección ortogonal de los conductores más exteriores de la línea de alimentación sobre la superficie de la tierra, para una distancia de:

· 2 m para líneas eléctricas que operan a una tensión nominal no mayor de 1 000 V
· 15 m para líneas eléctricas que operan a una tensión nominal superior a 1 000 V.

Un espaciado de 2,5 m deberá mantenerse entre conductores no aislados de cerco eléctrico de seguridad o cables conectores no aislados alimentados de energizadores separados. Este espaciado podrá ser menor cuando los conductores o los cables conectores estén cubiertos por una manga aislante, o consistan de cables aislados de como mínimo 10kV.

En caso de daño del cable de alimentación, éste deberá ser reemplazado por el fabricante o personal técnico autorizado para evitar riesgos.

Los cables que conectan la salida del electrificador con los alambres conductores del cerco deberán ser cables con aislación no menor de 10000 Voltios.

Los alambres que llevan los pulsos de alta tensión a lo largo del cerco deberán ser sujetados con aisladores rígidos y especiales para soportar condiciones de intemperie. Estos aisladores no deben ser compartidos con ningún otro tendido de conductores.

Los conductores de pulsos deberán estar separados de cualquier soporte metálico que pueda tener conducción a tierra a una distancia mínima de 30 mm, para evitar descargas en caso de excesiva humedad en el ambiente ya sea interior o exterior.

Es aconsejable que la separación entre conductores sea igual o mayor de 150 mm. De esta manera, con una instalación de cuatro hilos se cubrirá una altura de 450 mm adicional al de la barrera física donde se coloca.

Deberá colocarse una barrera física de algún material que impida que de la zona de libre circulación se pueda hacer contacto accidental con el cerco eléctrico para evitar descargas indeseadas. La distancia entre el cerco eléctrico y la barrera física dependerá del tipo de esta última, en el caso de ser algún tipo de alambrada deberá tenerse en cuenta las dimensiones de los espacios libres entre alambres y la altura mínima deberá ser de 1.8 m.

En caso de existir zonas de libre circulación a ambos lados del cerco eléctrico, las barreras físicas deberán estar a ambos lados y cumplir con las mismas condiciones.

La puesta a tierra tanto del cerco como del electrificador deberá ser independiente de cualquier otra y deberá hacerse con elementos adecuados para ello como jabalinas recubiertas en cobre (Barras de Tierra) y de dimensiones que se adecuarán al tipo de terreno predominante en el lugar.

Instalar con responsabilidad evita el mal funcionamiento y eventuales accidentes indeseados.

Al menos cada 10 metros, en cada lado del cerco energizado, puerta, portón y/o punto de acceso deberán colocarse carteles de advertencia del tipo que se muestra a continuación.

GENERAL

Un Cerco Eléctrico de Seguridad deberá instalarse de modo tal que, bajo condiciones operativas normales, las personas estén protegidas contra el contacto inadvertido con los conductores con impulsos de los energizadores.

Nota 1: Este requisito está destinado fundamentalmente a establecer que exista, o se mantenga un nivel deseable de seguridad en la barrera física.

Nota 2: Al seleccionar el tipo de barrera física la probable presencia de niños deberá ser un factor a considerar cuando se decide el tamaño de las aberturas.

UBICACIÓN DEL CERCO ELÉCTRICO DE SEGURIDAD

El cerco eléctrico deberá separarse del área de acceso público mediante una barrera física.

Cuando el cerco eléctrico es instalado en un lugar elevado, como una ventana o claraboya, la barrera física puede estar a una altura menor de 1,5 m.

ZONA PROHIBIDA PARA CONDUCTORES CON IMPULSOS DE ENERGIZADORES

Los conductores con impulsos de los energizadores no deberán instalarse dentro de la zona sombreada que se ilustra en la siguiente figura.

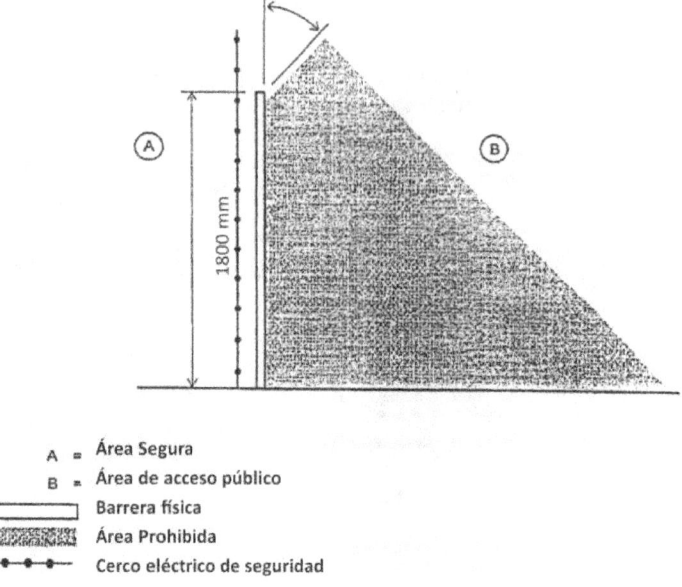

A = Área Segura
B = Área de acceso público
▭ Barrera física
▨ Área Prohibida
•—•—•—• Cerco eléctrico de seguridad

Nota 1: Cuando se planea instalar un cerco eléctrico de seguridad cercano al límite de un sitio, la autoridad pública pertinente deberá ser consultada antes de iniciar la instalación.

Nota 2: Las instalaciones típicas de cercos eléctricos de seguridad se ilustran a continuación.

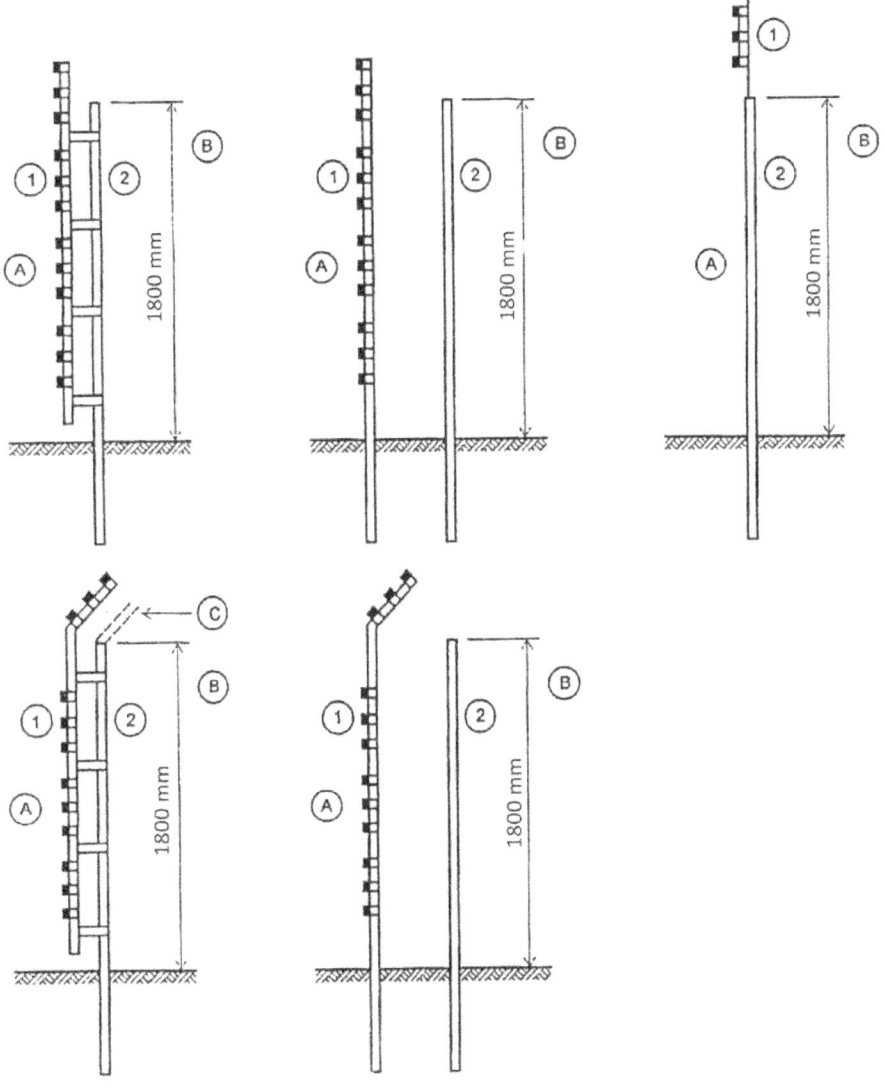

A = Área Segura

B = Área de acceso público

C = Barrera cuando sea necesario

1 = Cerco eléctrico de seguridad

2 = Barrera física

SEPARACIÓN CON LA BARRERA FÍSICA

Cuando se instala una barrera física en cumplimiento de lo exigido anteriormente al menos una dimensión en cualquier abertura no deberá ser mayor a 130 mm y la separación entre el cerco eléctrico y la barrera física deberá estar:

· Dentro del rango de 100 a 200 mm o mayor de 1000 mm donde como mínimo una dimensión en cada abertura de la barrera física no supere los 130 mm.
· Mayor de 1000 mm donde cualquier abertura de la barrera física tenga todas las dimensiones mayores de 50 mm.
· Menor a 200 mm o mayor de 1000 mm donde la barrera física no tenga ninguna abertura.

Nota 1: Estas restricciones están destinadas a reducir la posibilidad de que las personas toquen inadvertidamente los conductores con impulsos de los energizadores y prevenir que queden atrapados entre el cerco eléctrico y la barrera física, con lo cual quedan expuestas a múltiples shocks provenientes del energizador.

Nota 2: La separación es la distancia perpendicular entre el cerco eléctrico y la barrera física.

MONTAJE PROHIBIDO

Los conductores no deben ser montados sobre un soporte usado para otra línea eléctrica aérea.

OPERACIÓN DEL CERCO ELÉCTRICO DE SEGURIDAD

Los conductores de un cerco eléctrico no deben ser energizados a menos que todas las personas autorizadas, dentro de o entrando al área segura hayan sido informadas de su ubicación.

Cuando existe riesgo de lesiones personales debido a una causa secundaria, deben tomarse precauciones adicionales de seguridad.

Nota: Un ejemplo de causa secundaria es cuando puede esperarse que una persona caiga de una superficie elevada si hace contacto con conductores con impulsos de los energizadores.

CONEXIONADO DEL POWER SHOCK HOME™ AL CERCO

El conexionado del Power Shock Home™ con el cerco eléctrico de seguridad debe realizarse con "cable de alta tensión" por medio de las borneras de conexión V-V1 y T-T1. Tener en cuenta que este cable se utiliza también para la conexión entre 2 o más tramos de cerco eléctrico que compartan el mismo energizador.

Todas las conexiones deben hacerse con el cable entero sin reparaciones ni empalmes para evitar fugas de tensión.

> **ASEGURARSE QUE AL CERRAR EL GABINETE LA TAPA QUEDE BIEN AJUSTADA PARA EVITAR POSIBLES FILTRACIONES DE AGUA.**

CONEXIONADO DE 4 HILOS CONDUCTORES

En caso de armar cercos eléctricos de múltiplos de **4 hilos** replicar el conexionado asegurando la alternancia del ejemplo entre hilos vivos y tierra.

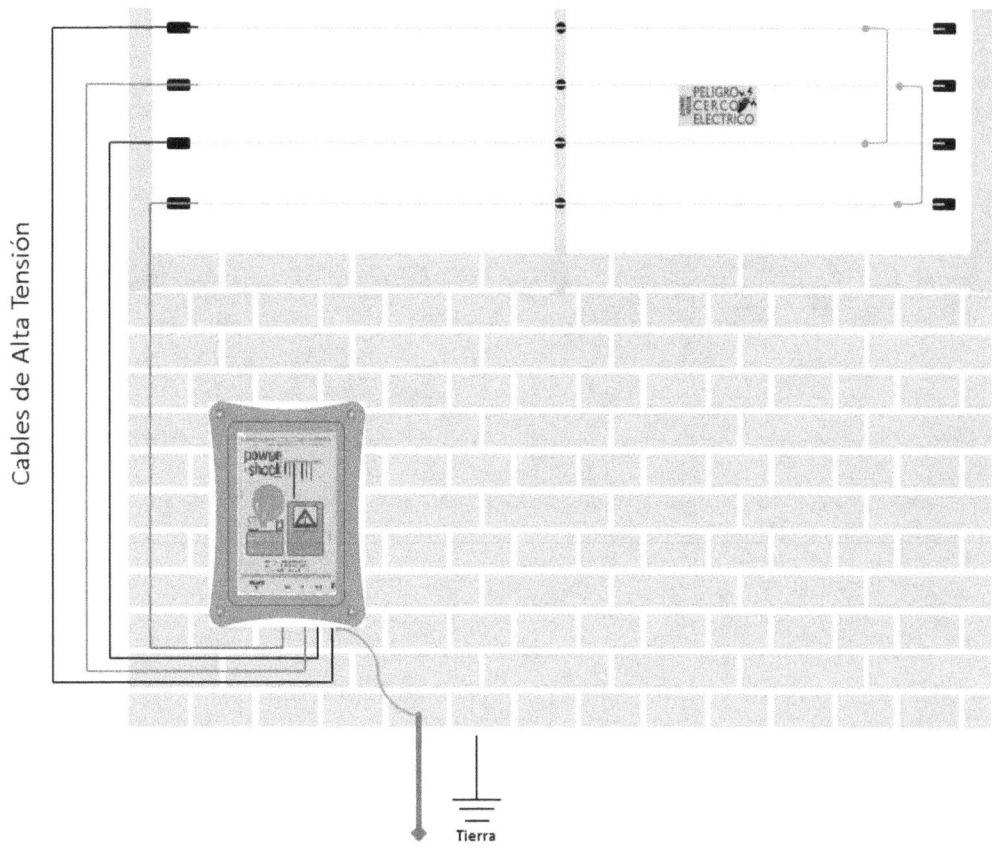

CONEXIONADO DE 6 HILOS CONDUCTORES

En caso de armar cercos eléctricos de múltiplos de 6 hilos replicar el conexionado asegurando la alternancia del ejemplo entre hilos vivos y tierra.

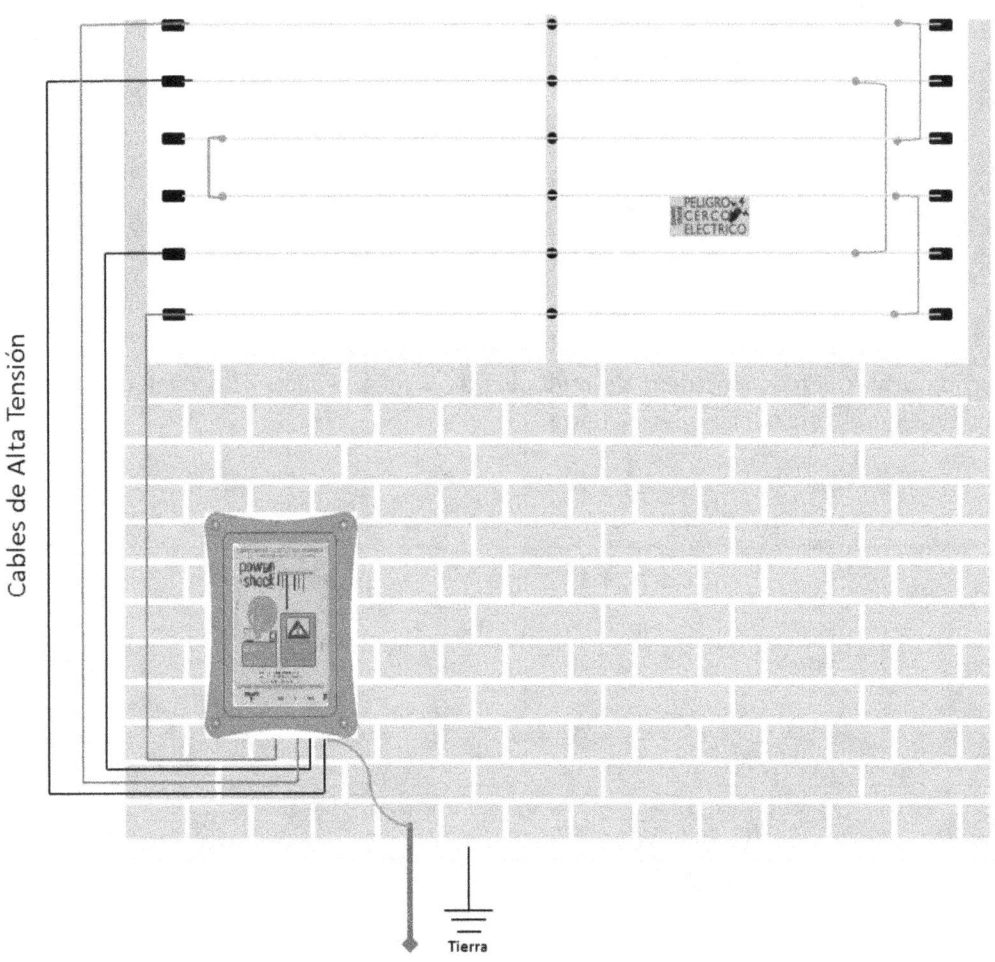

EXTENSIONES DE CERCOS ELÉCTRICOS

Al momento de realizar instalaciones que requieran de extensiones por medio de soportes pasantes, deberá prestarse especial atención en la realización de puentes entre un lado del cerco del soporte con el siguiente (como figura en el siguiente esquema), de manera tal que se asegure continuidad y el libre recorrido del pulso, cualquier desvío o entorpecimiento del mismo, el energizador lo detectará como una alarma al momento de terminar la instalación y deberá buscarse la falla en ella.

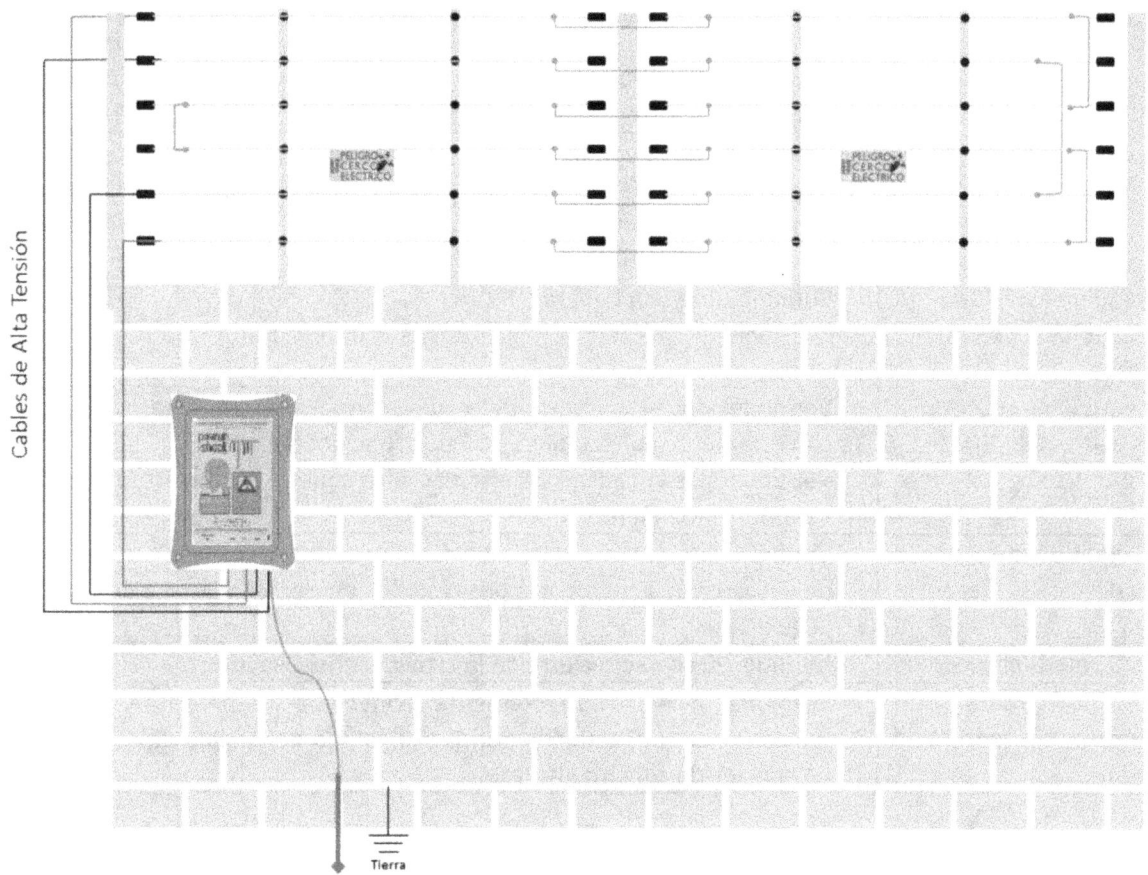

RESOLUCIÓN DE PROBLEMAS

Cuando hay algo que no funciona con el Power Shock Home™ instalado, puede operar de acuerdo con la siguiente tabla. Si el problema persiste y no puede ser resuelto, por favor contacte al servicio técnico de Daliara S.R.L.

Síntoma	Solución
No enciende	· Verifique que el energizador esté correctamente enchufado y el tomacorriente tiene electricidad. · Verifique haber puesto la llave en posición de "Encendido".
Cable cortado	· Pruebe el energizador con los puentes que vienen de fábrica en las borneras V-V1 y T-T1, retirando la salida hacia el cerco. Si la falla persiste comuníquese con Daliara S.R.L., en caso contrario verifique las conexiones y puentes del cerco de seguridad.
El equipo está encendido y no emite pulsos	· Comuníquese con Daliara S.R.L.
El equipo no reporta las alarmas	· Verifique que los dispositivos de alarma de contacto seco estén correctamente conectados y su buen funcionamiento. · Verifique que la central de alarmas esté conectada correctamente y su buen funcionamiento.
El equipo no reconoce las descargas y el corte de cable.	· Verifique que el disparo de alarma se produzca al primer o tercer pulso de descarga de acuerdo a la posición del jumper H2 y el de cable cortado al quinto.
Luz Tamper encendida	· Verifique el correcto cierre de la tapa del energizador.
El energizador no funciona sin tensión de red	· Verifique si está correctamente conectada la batería y su buen funcionamiento. También verifique el estado del fusible de baja tensión en la placa de circuito impreso.

Cercado Eléctrico - Parte 2

CONTENIDO

EL CERCADO ELECTRICO

Introducción:

El cercado eléctrico ha sido usado en diversas partes del mundo por mas de 40 años y los resultados que se han obtenido han demostrado que los campos pueden ser mejor aprovechados, los animales están en mejor condición y las utilidades para el productor son mayores.

En este manual explicaremos la tecnología de los cercados eléctricos, la forma en que operan estos sistemas, su forma correcta de Instalación y Mantenimiento así como su conexión con un sistema de energía fotovoltáica.

De forma complementaria, lo que incluiremos es el uso del mismo sistema de energía para iluminación de los hogares de los productores.

Teoría de Operación de un Cercado eléctrico:

Un cercado eléctrico esta formado por un energizador o pulsador, el cual debe ser alimentado por una fuente de energía que puede ser la red eléctrica convencional, un acumulador o batería o las llamadas pilas alcalinas (como las que usan los radios y lámpara sordas). El pulsador lo que hace es elevar el voltaje a niveles de 5000 a 9000 voltios pero con niveles de energía muy bajos lo que solamente provoca un "choque" eléctrico sin peligro para quien lo recibe. Para que este efecto de "Choque" funciones deberá de haber una conexión directa a tierra, de ahí que el otro elemento importante del sistema es la conexión a tierra, la cual deberá ser muy firme y el terreno deberá tener un nivel de conductividad aceptable, de ahí que se recomiendo que este húmedo. El ultimo elemento del cercado eléctrico es el alambre o hilos de corriente que serán quienes lleven los "pulsos" de corriente a todo lo largo del cerco.

En el momento en que el animal toca el cerco eléctrico recibe una descarga eléctrica, la cual la asocia como un golpe y reacciona en consecuencia. El periodo de aprendizaje es muy corto y después de dos o tres "golpes" respetan el cercado.

Para los borregos no basta un hilo, como en el caso de las vacas o novillos; se requiere entre 3 y 5 hilos. Tres por lo general son suficientes en cercas interiores y 4 para los linderos. Cinco pueden ser necesarios para las razas grandes o bien para las cabras.

La tecnología del cercado eléctrico.

Muchos ganaderos acostumbran todavía pastorear sus novillos en un número reducido de potreros demasiado grandes y, por tal razón, la estancia de los animales en un mismo potrero se prolonga excesivamente.

Para seguir manteniendo aquel sistema, con frecuencia se argumenta lo siguiente:

- "Los novillos de engorda necesitan tranquilidad y la rotación los molestaría"
- "Ese pasto viejo que resulta del pastoreo extensivo, es una buena reserva alimenticia"
- "Es preferible tener pastos con mayor proporción de carbohidratos en relación al contenido de proteína, y esto se logra dejando que el pasto envejezca".
- "El pastoreo extensivo implica poco trabajo y menos gastos".

Sin embargo, a todos los argumentos se les pueden oponer los siguientes:

- Los experimentos que se han realizado hasta la fecha, han mostrado que también el ganado de engorda se puede explotar con mejores resultados mediante su rotación en las praderas.

Considerar un pasto viejo como reserva alimenticia conduce a errores peligrosos.

- Los pastos viejos consumen mucho agua y forman bases en las que se puede crecer la maleza y los arbustos.
- Además este pasto viejo sólo se lo comen los animales hambrientos.
- Las reservas forrajeras se logran mediante la multiplicación de los potreros (división) y no mediante el desperdicio del terreno.

La proporción que se desea entre las proteínas y los carbohidratos se consigue sin mayor dificultad con el sistema rotativo, siempre y cuando haya un número suficiente de potreros (divisiones) para que el ganadero pueda esperar lo necesario para que al meter el ganado el pasto esté suficientemente crecido.

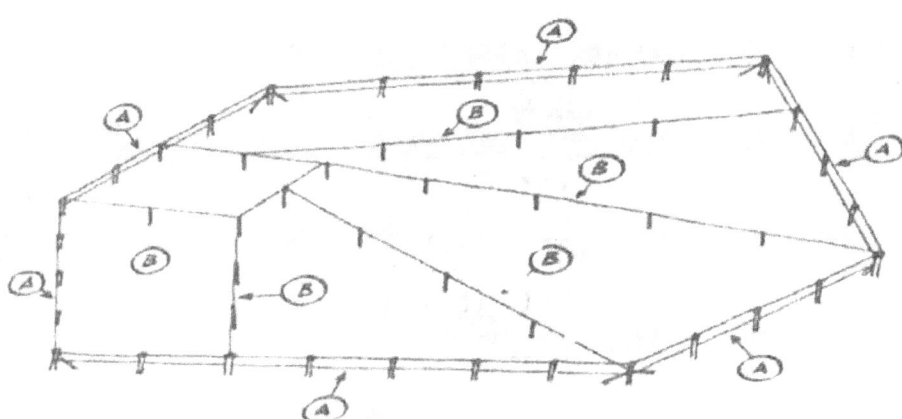

Los predios pueden ser fraccionados para aprovechar mejor los pastos , no importa que tan accidentado sea el terreno o que tan irregular sea.

Reducción de costos en el manejo de los demás animales domésticos.

No sólo las vacas se pueden mantener tras un cercado eléctrico, sino también otros animales domésticos, como los caballos, asnos, cerdos, borregos, cabras y aves.

Caballos y asnos.

Los caballos y los asnos pueden encerrarse muy fácilmente con el cercado eléctrico. Pero es necesario cuidar que tengan suficiente espacio para moverse a gusto.

Se ha visto que mantener los caballos se facilita todavía más cuando se colocan cintas o trapos de colores vistosos en el alambre. Los criadores recomiendan conducir los caballos al alambre desde la primera ida al potrero, para que experimenten desde un principio el choque eléctrico. Por lo general, esta medida sirve para que el animal respete el cercado.

Instalación:

Se colocan postes de metro y medio de longitud con una distancia de seis u ocho metros entre cada poste, se tienden de una a tres hileras de alambre, según la talla de los animales,

Los postes de madera que los caballos suelen morder, pueden protegerse colocando alambre electrizado sobre aisladores en la cara de poste que da hacia el potrero.

Tipos de pulsadores:

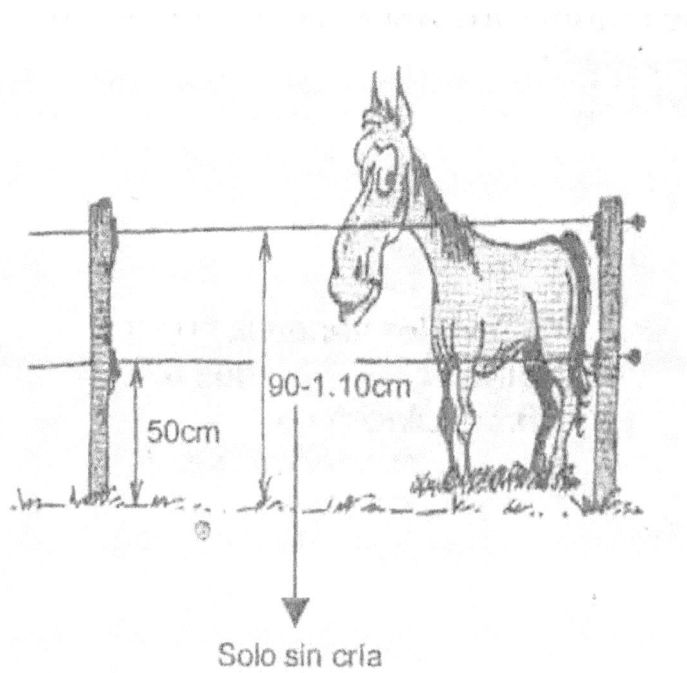

Para animales robustos (pony, etc.) se recomiendan aparatos de mayor potencia. Los caballos de montar, de pelo corto, se pueden mantener con aparatos del tipo estándar.

El tipo "Alarma" ha resultado muy bueno, pues cuando el cercado tiene alguna falla, emite una señal acústica.

- Un alambre es suficiente si se manejan caballos.
  - Para los cerdos se necesitan dos y hasta tres.
  - Tres para las cabras.

Borregos.

En los últimos años se nota una tendencia a cercar estos animales, lo cual implica, por ejemplo, reducción de los rebaños y limitación de las áreas de pradera o matorral. Al respecto, el cercado eléctrico es lo más apropiado cuando se toma en cuenta lo siguiente: Después de ser trasquilados, los animales se encierran en una pequeña área rodeada de cercado eléctrico (potrero de acostumbramiento). De esta manera pronto aprenden a conocer los efectos del alambre electrizado. Incluso los animales muy ladinos aprenden de esta manera a respetar el cercado.

Instalación:

Se colocan postes de 85 centímetros de altura a una distancia de 4 a 6 metros entre cada poste, y se tienden tres alambres a 20, 50 y 80 centímetros de altura sobre el suelo.

Tipos de pulsadores.

Debido a que el pelambre largo y espeso de los borregos es un buen aislante, se recomiendan aparatos de gran potencia. Para áreas pequeñas son suficientes los de potencia incrementada o medianos.

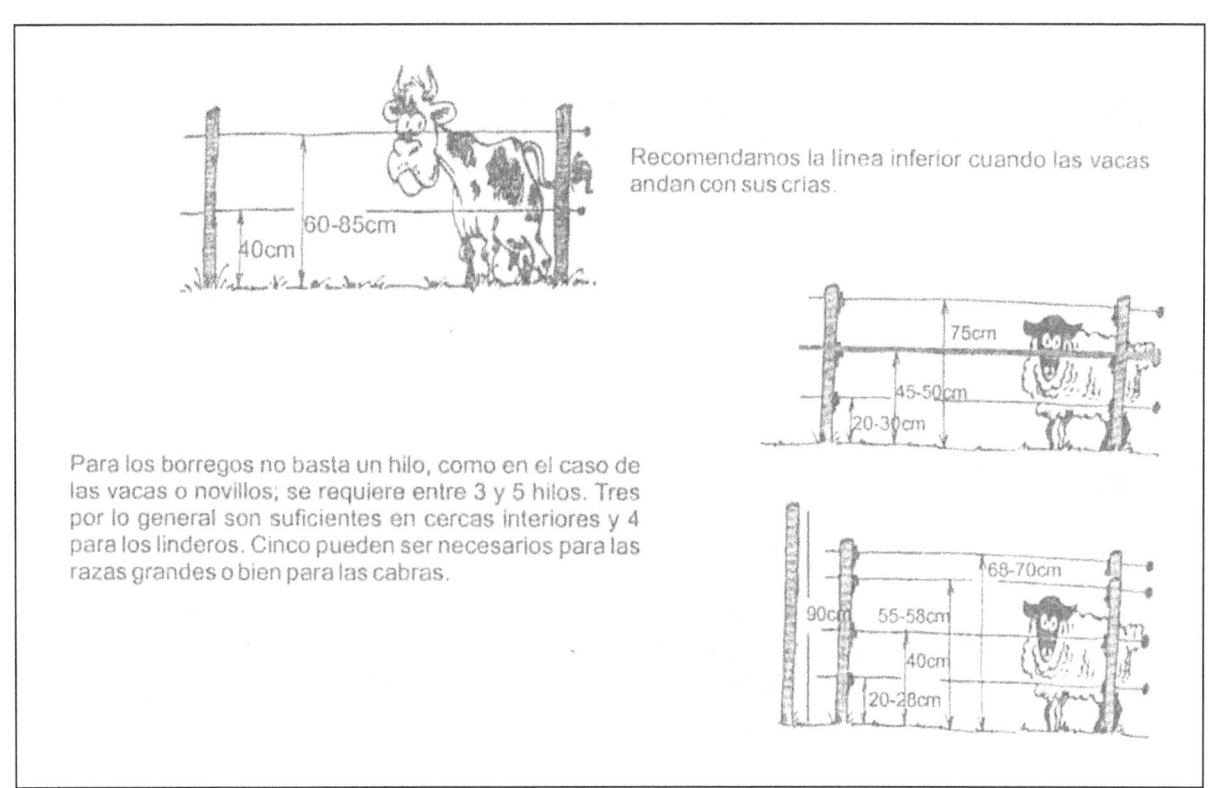

Recomendamos la línea inferior cuando las vacas andan con sus crias.

60-85cm
40cm

Para los borregos no basta un hilo, como en el caso de las vacas o novillos; se requiere entre 3 y 5 hilos. Tres por lo general son suficientes en cercas interiores y 4 para los linderos. Cinco pueden ser necesarios para las razas grandes o bien para las cabras.

75cm
45-50cm
20-30cm

68-70cm
90cm 55-58cm
40cm
20-28cm

Cabras.

La mejor manera de mantener estos animales es con el cercado eléctrico. La electricidad los disuade de recargar las patas delanteras en el alambre y dañar el cercado.

Instalación:

Se recomienda de dos a tres alambres, procurando que el hilo esté aproximadamente a 1.10 m. De altura.

Tipos de pulsadores:

Las cabras no tienen el pelo tan largo como los borregos, de modo que son suficientes los aparatos de potencia mediana. Cuando la extensión del cercado no es muy grande y no hay peligro de que el pasto toque los alambres, también se pueden utilizar los aparatos del tipo estándar.

Cerdos.

Dado que los cerdos son muy sensibles, se pueden encerrar sin problema tras un cercado eléctrico.

En la Unidad de Capacitación para el Desarrollo Rural (UNCADER). Por ejemplo, no sólo se mantiene ganado vacuno mediante este sistema, sino también cerdos. En el caso del pie de cría, fue posible ahorrar aproximadamente 400 Kg. de alimento concentrado por cerdo cada año (ocho pesos el Kg.), gracias a la rotación en los potreros. Esto significa un ahorro aproximado de $ 3,000.00 por cada animal al año.

Instalación:

Ha dado buenos resultados la instalación de postes de 85 cm. De largo con dos hileras de alambre a 20 y 40 cm. De altura. Los postes no se separarán más de seis metros.

Tipos de pulsadores:

Ya que uno de los alambres habrá de estar a 20 cm. Del suelo, hay peligro de que se cubra de pasto. Cuando no haya este peligro, es suficiente el aparato tipo estándar, mientras que en el caso anterior se recomienda uno de potencia incrementada.

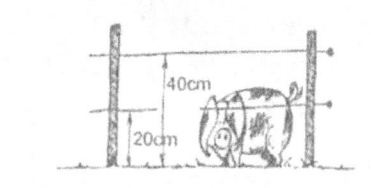

Para cerdos

Para los cerdos recomendamos 2 líneas, una a 20cm de distancia del suelo aproximadamente y la siguiente a 40cm.

Aves.

El cercado eléctrico ha dado resultados aceptables con gansos, gallinas y patos. A la vez, se usa como protección contra pequeños animales de rapiña.

Instalación:

Se colocan postes de 85 centímetros a una distancia de seis metros y se tienden alambres a 10 cm, 30 cm y 50 cm de altura. A 20 cm de altura se coloca otro que conduzca a tierra, conectado en el respectivo polo del aparato.

Tipos de pulsadores:

Cuando hay peligro de crecimiento del pasto -y por la propiedad aislante del plumaje- sólo se pueden utilizar los de gran potencia. Cuando no haya peligro de que el pasto alcance el alambre, se pueden utilizar los aparatos de potencia mediana.

Las ventajas de los cercos eléctricos

<u>Descripción del "sistema rotativo"</u>

Tomando en cuenta el mayor crecimiento del pasto, su necesidad de descanso y su valor nutritivo, observamos el momento más propicio para la entrada del ganado al cabo de cuatro semanas de crecimiento (al cabo de tres, en la época de crecimiento más rápido, y al cabo de siete en el invierno).

Como señal visible tomamos, por ejemplo en el caso de Estrella, una altura de 15 a 20 centímetros. Es importante que la planta no se encuentre en flor todavía.

A fin de garantizar el descanso óptimo de cuatro semanas, contando con un solo día de pastoreo el ganadero tiene que instalar por lo menos 30 divisiones.

Desde luego, también sería posible hacer divisiones con el tradicional alambre de púas. Sin embargo, los precios actuales del alambre y las entradas que se obtienen de la leche y la carne, hacen incosteable esto. Sólo la instalación del cerco eléctrico permite a los ganaderos dividir a voluntad sus parcelas.

Cada día del mes puede ser pastado otro potrero. Así a los treinta días se empieza nuevamente con el primer potrero. Por lo tanto, cada uno será pastado sólo doce días al año y podrá descansar 352 días, durante los cuales el pasto estará creciendo hasta el punto óptimo de aprovechamiento. De esta manera se puede alimentar hasta cinco vacas lecheras por hectárea durante el año.

Si hay que manejar varias especies de animales, es recomendable separarlas y permitir que las vacas lecheras vayan por delante. Así se garantiza que diariamente encuentren buen pasto. A las vacas lecheras les pueden seguir las vacas de gestación y/o los becerros, con los caballos y los borregos.

Como hemos visto, durante la estación más favorable al crecimiento de pasto, ésta alcanzará su punto óptimo en tres semanas. Es decir, sobrarán algunas divisiones. Del pasto de estas divisiones se puede obtener heno o ensilaje. Tal reserva garantiza que haya alimento suficiente durante todo el año.

Cuadro comparativo en cuestión de las ventajas a favor del cerco eléctrico

Cerca de púas	Cerco Eléctrico
3 a 4 líneas de púas	1 o 2 líneas de alambre galvanizado o aluminio
Requiere de postes gruesos cada dos o tres metros	Requiere estacas delgadas (de fibra de vidrio, plástico, varilla corrugada de ángulo o de madera) desde cada 5 hasta 20 metros
6 metros Instalados al día por una persona	600mts. instalados al día por una persona (100 veces mas de distancia instalada)
En caso de incendio de los pastos o inundaciones no salen muy fácilmente los animales	Los animales salen mucho mas fácil en caso de inundación o incendio.

El cercado eléctrico, un sistema móvil

La fácil manipulación y transportación del pulsador y de las varillas, permite al ganadero manejar el sistema como un *cercado móvil*. – Esto es recomendable especialmente cuando se trata de menos de quince vacas lecheras y es el propietario quien se encarga del ganado. Así, el *cercado eléctrico* no solamente sustituye la cadena en la puerta, el vaquero o el cerco fijo, sino también hace posible cumplir una seria de requerimientos que de otro modo

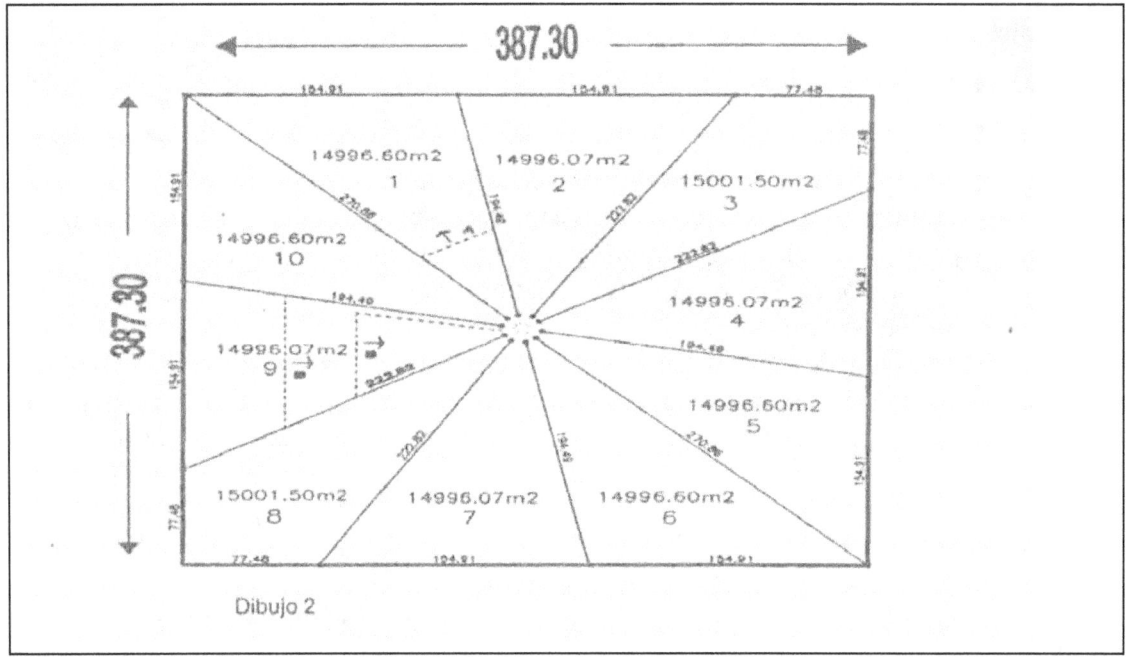

Dibujo 2

no serían realizables. Por ejemplo: la división provisional del terreno, la reducción de un potrero, el aprovechamiento intensivo de campos que no habían sido aptos para el pastoreo o que, por encontrarse en regiones pantanosas, no permiten la instalación de cercos fijos.

El *cercado eléctrico* no impide los trabajos con maquinaria, puesto que se puede mover de un lado a otro.

El cercado eléctrico es la forma *más intensiva* de aprovechar los pastos. Mientras que en las praderas extensivas "normales" las vacas aprovechan sólo un 20% del potencial de crecimiento del pasto, sucede que en los cuatro o seis potreros del pastoreo semi-intensivo se aprovecha el potencial de crecimiento del pasto en un 70%. Y, por último, en la forma *más intensiva* de aprovechamiento, la del *cercado eléctrico móvil,* la posibilidad de aprovechamiento del pasto asciende a 80% e incluso 90%.

El *cercado móvil* se recomienda cuando se trata de terrenos relativamente pequeños. En el ejemplo que se describe, de sólo dos hectáreas de pradera, sería antieconómico hacer las 30 divisiones con cercas eléctricas fijas. En la práctica se ha visto que es suficiente con cuatro o seis divisiones fijas. Las subdivisiones, hasta completar los 30 potreros, se realizan con el cerco "caminante" - o sea, móvil -. Entre la división de en medio (u otra que conduzca electricidad) y el lindero exterior (en este caso), se tiende un alambre que se desplaza hacia adelante uno o más metros, varias veces al día. Tras las vacas, "marcha" otro alambre que, por cierto, no necesita moverse tantas veces. Una vez al día es suficiente. Este alambre evita que las vacas regresen a comer en el área que pastaron el día anterior. De esta manera, los alambres móviles cumplen la misma función que una división fija: restringir a un día o menos el tiempo de pastoreo en un área

Para facilitar el trabajo de mover el cerco, se recomienda un carrete con la suficiente cantidad de alambre flexible

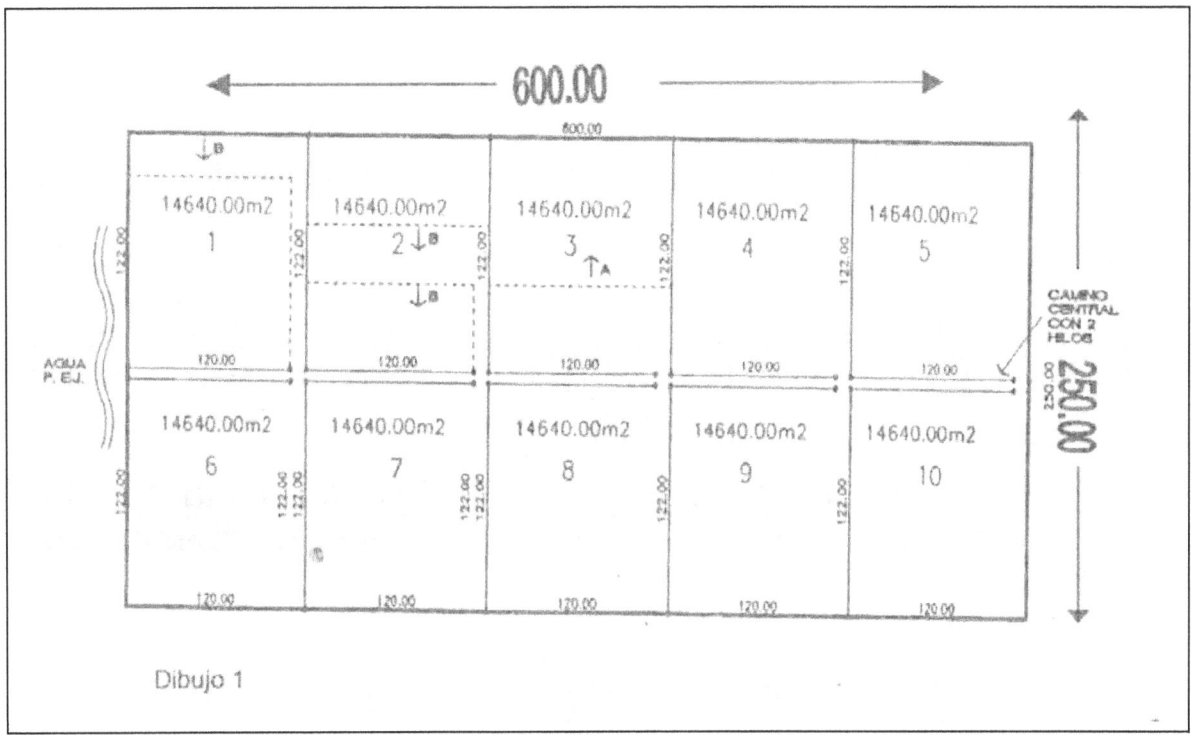

Dibujo 1

Instalación correcta de un cerco eléctrico – planeación y procedimiento de instalación

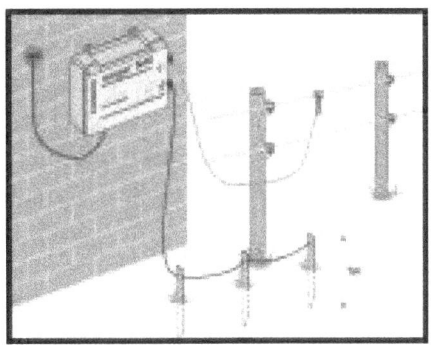

Para que la corriente circule, debemos enterrar una varilla de cobre a un metro de profundidad. A esta se le conecta un cable que sale del aparato. Debemos procurar que el alambre del cerco no tenga contacto con la tierra ni con los postes, para evitar que la corriente se pierda yendo a tierra.

La distancia entre los postes puede variar entre seis y veinte metros, según la forma del terreno y la especie animal.

La instalación de los aisladores se hace al mismo tiempo que se tiende el alambre, procurando que éste quede bien estirado.

Es muy importante controlar 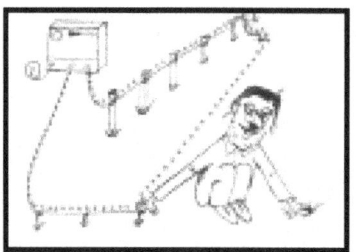 periódicamente las líneas del cercado. Esto puede hacerse tocando el alambre con una hoja de pasto, para comprobar si hay paso de corriente. Cuando existe alguna falla, es porque el alambre está en contacto con la tierra o con otro objeto que corta el paso de la corriente. Los animales, al darse cuenta de esto, se pueden salir, ya que no perciben ningún dolor.

Debemos tener presente que el ganado cebú es más ladino que el holstein y el suizo. Por ello recomendamos tenderle dos hilos de alambre a lo largo del cercado.

Aun si usted tiene un pulsador muy potente no le funcionara correctamente si descuida la perfecta conexión entre su aparato y la tierra, el cual es el segundo polo (polo negativo) mediante el cual el circulo eléctrico se cierra y así el animal siente al tocar la corriente eléctrica un dolor.

Algunas recomendaciones para la instalación de la tierra

Suelos muy húmedos:

En zonas con lluvias suficientes, la humedad del suelo permitirá una buena conducción de la energía y por eso es suficiente una pequeña varilla de conexión a tierra. Esta varilla alcanza normalmente una profundidad de 30 centímetros y puede servir en el caso de los pulsadores portátiles como soporte para tal.

Suelos poco húmedos:

En estos casos se recomienda una conexión a tierra que sea profunda. Para esto son adecuados los tubos galvanizados de 25mm de diámetro o los coperweld (alambres flexibles). Su longitud puede variar entre uno y tres metros, incluso mas. Lo importante es que estas conexiones a tierra alcancen las capas húmedas del suelo.

Suelos casi secos:

En un caso así hay que trabajar con conexiones a tierras seriadas. Para esto se clavan en el suelo de tres a cinco tubos galvanizados o varillas de coperweld 5/8", con una distancia de tres a cinco metros, o en todo caso por lo menos la distancia equivalente a su propia longitud. Como regla empírica se recomienda una varilla por cada Joul del energizador. (Los energizadores o "pulsadores" se clasifican por su "potencia" en Joules)

Zonas áridas:

Si usted vive en un lugar así, no puede usar la tierra como conductor. La tiene que sustituir por un segundo alambre, (el primero es el que conduce la energía)

¿Cómo detectar si hay "suficiente" tierra?

Para revisar si la conexión a tierra esta bien hecha, ponga una varilla de cobre a 50 metros de distancia del pulsador sobre el alambre. SI la conexión es adecuada, la energía fluye directamente de la varilla hacia el polo respectivo en el cercado.

En caso contrario, la corriente pasa a través del cuerpo de la persona que realiza la prueba, que consiste en tocar con una mano la varilla a tierra y con la otra el suelo

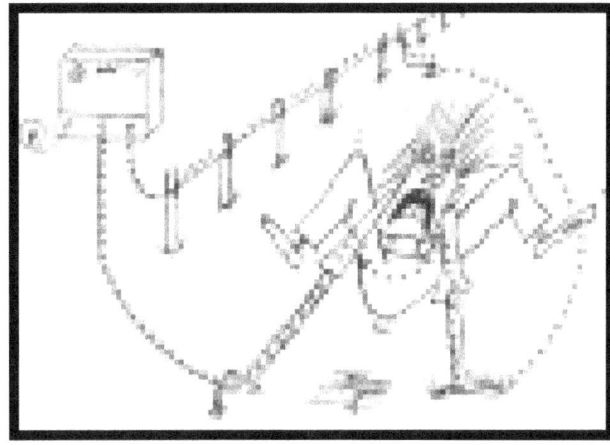

Si tiene miedo de realizar la prueba usted puede adquirir un voltímetro. Esto no debe indicar mas de 500V para una buena tierra. Si el voltímetro indica una corriente mayor de 500V hay que poner mas varillas de tierra.

Las partes de un Cerco eléctrico y sus funciones

Pulsador.

El *corazón del cercado eléctrico* es un pequeño pulsador, que puede funcionar por medio de baterías, acumuladores, corriente alterna y también por medio de **energía solar**. Se produce un impulso eléctrico de 1/20 de Joule hasta 3 joules. La duración del impulso es de aprox. 0.5 seg. Y el intervalo entre cada pulsación es de aprox. 1 seg. De esta manera se tienen unas 40 pulsaciones por minuto. Según el tipo de aparato pulsador, se pueden proveer de energía cercos de una longitud de 3 a 100 Km.

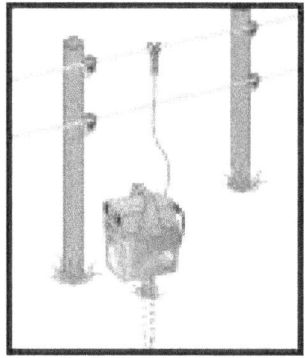

Tipos de pulsador.

Existen en el mercado varios tipos de pulsadores. Los hay de corriente alterna de batería seca, de acumulador para automóvil y de energía solar.

Se ve claramente la división de la pradera mediante el cercado eléctrico. El alambre protege de las pisadas al pasto alto, y al área ya pastada , la protege de volver a ser mordida. Los animales han aprendido a "calcular" hasta donde pueden estirar el cuello sin recibir el choque eléctrico

Donde hay energía eléctrica, es más recomendable usar el pulsador de corriente alterna, que tiene potencia para cien kilómetros de línea.

El aparato que funciona mediante energía solar es ideal para los ranchos que no cuentan con el servicio de energía eléctrica. La potencia de este aparato alcanza hasta para cien kilómetros de cercado.

Pulsador que funciona con energía solar. El poste con tripié que le sirve de sostén, es al mismo tiempo el contacto con tierra.

Los que funcionan con baterías secas son ideales para ranchos que no tienen energía eléctrica ni suficientes días soleados al año. Estos aparatos tienen también una potencia para 5 Km. De cercado. Hay baterías para 5,000 y 8,000 horas de funcionamiento.

Los aparatos que funcionan con acumulador de automóvil tienen ventajas similares a los de batería seca, con la diferencia de que es necesario cargar los acumuladores cada seis semanas, cuando el manejo es adecuado.

Cercado eléctrico.

Para instalar un cercado eléctrico se requiere;

- Un Pulsador.
- Un sistema solar o una toma de energía si existe
- Alambre galvanizado.
- Postes delgados
- Aisladores (Trozos de manguera o eslabones de cadena de plástico).
- Resorte para abrir y cerrar el cercado.

Cuando el animal toca el alambre, la corriente pasa por su cuerpo. El animal se asusta y por ello respeta el cerco.

Precauciones de seguridad del usuario

- Para asegurarse que la cerca esta en funcionamiento y evitar que el ganado lo note y viole esta misma, es recomendable revisar de vez en cuando que ésta esté con corriente, pero no se puede verificar así como si nada, lo mejor es tocar la cerca con un pasto largo, ya que éste disminuye la corriente hasta su mano y de esta manera puede saber si la cerca tiene corriente.
- Ponga un letrero que alerte a las personas que pasen por ahí, niños e incluso familiares sobre la cerca. "Precaución: alto voltaje" o "No acercarse demasiado, cerca eléctrica"

Operación y Mantenimiento de un sistema para cercado

Mantenimiento del cerco

Es necesario mantener el pasto que crece alrededor del alambrado siempre cortado, de un tamaño pequeño y que no obstruya la observación constante de la misma

Mantenimiento de la tierra

Es importante revisar constantemente que la tierra este en su lugar para que se transmita la corriente. Verificar que este lo suficientemente profunda y que el sitio este húmedo.

Mantenimiento de la batería

Revise que la batería tenga siempre agua, que los bornes estén limpios, que las terminales estén bien conectadas. Añada solamente agua destilada para baterías y en caso de no encontrar, use agua de lluvia.

Mantenimiento del panel solar

Este al pendiente de que nada le haga sombra al panel solar, como el crecimiento de un árbol, una nueva construcción, etc. Limpie el panel solar periódicamente pero cuando este frío, nunca lo limpie con agua fría estando el panel caliente.

El mantenimiento de la pradera.

Evidentemente, el mantenimiento que se da a una pradera, debe darse durante el tiempo de descanso, si se va a aplicar nitrógeno en partes, esto debe hacerse *inmediatamente después* del pastoreo. Es muy importante *desparramar las plastas de excremento*. Los trozos de superficie demasiado mordidos, casi rapados, deben ser cubiertos por algo; por ejemplo, pasto seco, guano, paja, rastrojo, etc., a fin de evitar que el sol queme la tierra a la lluvia golpee con demasiada fuerza; o bien fertilizar con mucho nitrógeno, de preferencia a través de aplicaciones de excremento líquido.

En tiempos de sequía es importante no dejar envejecer el pasto (porque consume demasiada agua) no permitir que los animales rapen el terreno, También aquí sería favorable cubrir con rastrojo el terreno o dar una buena aplicación de nitrógeno, no tanto para aumentar el rendimiento, como para asegurar el verdor de la pradera, es decir, la sobre-vivencia de un pasto que de otro modo se quemaría por el sol y la falta de agua.

Fallas más comunes y procedimiento para su reparación

Recomendaciones de uso del cerco y localización de fallas.

Algunos aparatos tienen un foco luminoso de prueba que señala cuando hay una interrupción en el flujo eléctrico. De otro modo, se puede averiguar con una hoja de zacate si el alambre conduce electricidad.

Se toma la hoja por un extremo; el otro extremo se pone en contacto con el alambre. La hoja disminuye considerablemente el paso de electricidad hacia la mano de la persona, al grado que ésta siente sólo un ligero cosquilleo, si es que el alambre está electrizado. En cambio, si no se percibe nada, por más que se vaya acercando cada vez más la mano al alambre, es que éste no conduce energía.

Los defectos de los aisladores, que se presentan a veces cuando se utilizan mangueras, se localizan tocando cada poste con la mano. Si se siente una ligera descarga, es que este poste debe cambiarse el aislador. La falla en el aislador puede ser la causa de que el alambre no tenga electricidad.

En vez de la hoja de zacate o en lugar de la mano, se puede usar también un probador especial que se pega al alambre o al aislador. La cadena debe tocar el suelo, Si el foco no enciende al contacto con el alambre, éste no conduce electricidad; si se enciende al contacto con el poste, el aislador está defectuoso.

La hoja de pasto reduce el flujo de energía a una intensidad casi imperceptible. Para quienes quieren adquirir un probador: un foco enciende cuando no hay fuga de electricidad en el cercado

Cuando pastorean durante la noche, se recomienda hacer distinguible el alambre mediante pedazos de metal – u otro material – de colores vistosos.

Los animales que quieran reventar o cruzar el cercado eléctrico pueden ser controlados si se les coloca un colgajo metálico sobre los cuernos, que llegue hasta la altura de la rodilla. Cuando se acercan al cerco, la cadena toca el alambre y el choque se sentirá con más fuerza.

¿ Por qué es importante el contacto con la tierra?.

Un buen contacto con la tierra evita la resistencia del circuito en el cerco y aumenta la fuerza del choque, permitiendo el aprovechamiento de la totalidad de la energía contenida en el cerco en el momento de ser tocado por el animal.

El cable a tierra de los pulsadores debe enterrarse a suficiente profundidad para que alcance la humedad del suelo.

Alambres rotos

Puede que en algún momento los alambres se rompan por alguna rebelión del ganado, o intento de robo, (que existen cercos con una alarma integrada que avisa sobre la violación de la cerca). Existe un tipo de grapa llamado "Griple" el cual sirve para unir alambres rotos sin necesidad de herramientas.

El sistema fotovoltáico para el Cercado Eléctrico:

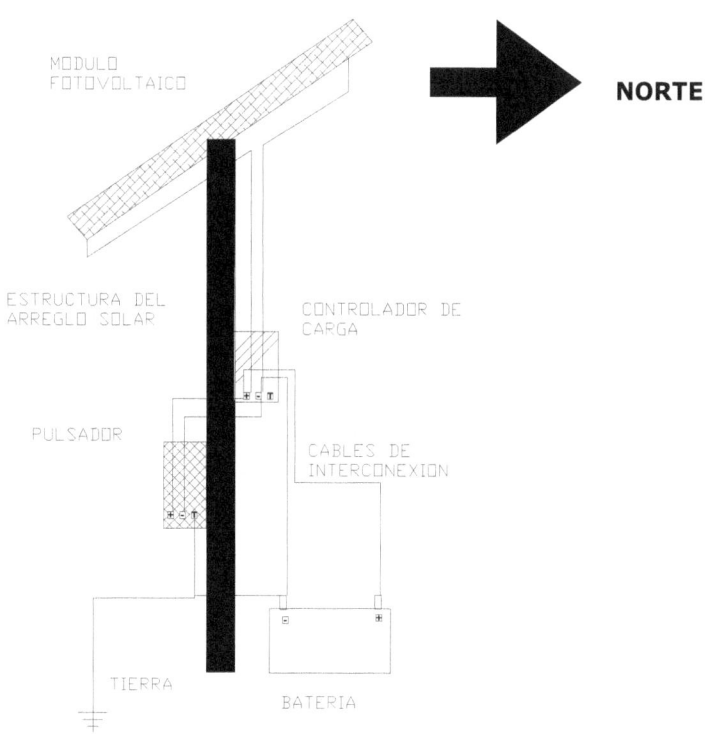

Este diagrama muestra las partes principales del sistema de energía para el cercado eléctrico.

Las partes del sistema de energía para el cercado eléctrico

1. Modulo Fotovoltáico
2. Soporte o estructura para el modulo
3. Control de carga
4. Batería
5. Pulsador
6. Cables de interconexión
7. Accesorios y herrajes

El Modulo FV – Descripción, Selección, Instalación, Operación y Mantenimiento:

Selección:

El modulo fotovoltáico es el dispositivo generador de energía eléctrica. La potencia del modulo solar depende de cada necesidad siendo el mas pequeño de 5W, siguiendo los de 10W, 18W, 36W y pueden llegar hasta 300 Watts de potencia. Vea la tabla de selección mostrada mas adelante.

Cuando el modulo solar será usado solamente para el cercado eléctrico se pueden operar por dos opciones:

1. Cuando el panel es pequeño, su rendimiento y consumo resultan estar bien balanceados para un cercado eléctrico, y por lo tanto no se necesita de un controlador para batería solar.
2. Cuando el panel es mas grande, para poder enfrentar consumos mayores de energía, la recarga del acumulador esta asegurada bajo cualquier circunstancia. Sin embargo, existe el riesgo de sobrecargar el acumulador, situación por la cual se requiere del controlador, cuya función es la de cortar el fluido de la corriente hacia el acumulador cuando este ya se encuentra lleno evitando su daño por sobrecarga

Los cercos eléctricos **no** requieren de una gran cantidad de energía para operar a menos que:

1. La distancia a cubrir sea demasiado grande
2. Hay mucha maleza que ocasiona perdidas de energía
3. Los animales no están bien entrenados y hay choques constantes
4. El sitio de la instalación esta muy nublado constantemente.

Para la mayoría de los casos en México, un panel solar de 5 Watts seria el mínimo recomendable, sin embargo un panel solar de 20 Watts seria el máximo necesario aun para los casos mas críticos.

Instalación, Operación y Mantenimiento:

- Deberá estar orientado al SUR, con una inclinación de 25° respecto al terreno.
- Deberá ser ubicado donde no haya sombras.
- Mantenga los módulos solares libres de polvo, deben ser limpiados periódicamente y por la mañana, con agua y un trapo, de esta forma será mas eficiente.

El modulo solar es el elemento mas costoso de su sistema. Si esta sombreado generará muy poca o nada de energía. La parte inferior del modulo deberá estar separada del techo o de soportes de madera para permitir que se enfríe con el viento, de esa forma será más eficiente. La caja de conexión del modulo deberá estar perfectamente sellada para que no entre agua o insectos, esto puede ocasionar serios problemas de funcionamiento del modulo solar y acortar su tiempo de vida.

Soporte o estructura para el modulo:

Selección:

El soporte para el modulo podrá ser un poste de madera o un tubo de fierro pintado. La estructura deberá de estar bien sujeta al piso o techo pero siempre permitiendo que se oriente el modulo y que se de la orientación apropiada.

Instalación, Operación y Mantenimiento:

Recuerde que si ya pagó por un modulo solar costoso, no ahorre unos pesos haciendo una mala selección de su estructura. Cada 6 meses revise que esta bien firme y sujeto al terreno, techo o pared.

Asegure que los cables están bien sujetos al poste o estructura para evitar que se dañen.

Control de carga

Selección:

Este aparato sirve para proteger la batería contra descargas profundas o cargas muy elevadas, ambas condiciones dañaran la baterías considerablemente. El controlador de carga no es un lujo sino una necesidad, principalmente cuando se usan paneles solares grandes.

El controlador se especifica por su Voltaje (12V, 24V, etc) y por su capacidad para manejar la corriente del modulo y de los aparatos que se van a conectar.

Todas las cargas (aparatos), que trabajan en Corriente Directa, deben estar conectadas al controlador.

Instalación, Operación y Mantenimiento:

Ubique el controlador de carga donde no le de el sol ni este expuesto al calor del fogón o estufa y evite que se moje.

- Si la batería esta muy baja, el controlador desconectará el pulsador y las lámparas automáticamente.
- El controlador cuenta con la opción de "MANUAL" use esta opción solo en casos de emergencia, (si el controlador desconectó el sistema), una vez pasada la emergencia regrese a la posición "NORMAL".
- Verifique el voltaje de la batería cada semana y de preferencia por la noche.
- En caso de falla primero revise que el fusible este en buen estado, reemplace de ser necesario.
- No ponga objetos sobre el controlador. Evite que se moje o que este expuesto a calor de estufas o del sol.

Batería

Selección:

Las baterías se clasifican por su capacidad de almacenaje de energía y su voltaje de operación. Seleccionaremos aquellas que sean de al menos 13 placas y para operar a 12 Volts.

La batería es un elemento importante del sistema por lo que su selección es vital para la operación de su sistema de energía solar.

Prefiera baterías selladas libre de mantenimiento, aunque son mas costosas su tiempo de vida es mayor y se evita el tener que añadir agua destilada periódicamente.

Instalación, Operación y Mantenimiento:

- Para la batería use terminales de cobre y protéjalas con grasa o vaselina.
- Cuide la polaridad [+ con +] y [– con -].
- Mantenga el nivel del agua de las baterías un centímetro abajo del nivel del tapón, use solamente agua destilada y en el caso de urgencia puede usar agua de lluvia.
- Revise el nivel cada mes en temporadas calurosas y cada tres meses en temporadas frías.
- Las baterías contienen ácido sulfúrico el cual es peligroso, tenga cuidado al abrir los tapones.
- Proteja los bornes de la batería con una madera, para evitar accidentes.
- La batería deberá ser preferentemente tipo sellada y libre de mantenimiento y se deben usar conectores atornillables a las terminales de la batería.
- Use terminales apropiadas para su batería, los caimanes no son apropiados.
- Limpie las terminales sulfatadas con agua y jabón y después aplique vaselina para evitar la corrosión. De esta forma su batería vivirá mas tiempo y será eficiente.

Cables de interconexión

Selección:

- Los cables son los elementos que conducirán la energía, estos deben de ser del calibre apropiado para asegurar que la corriente fluirá de forma eficiente.
- Los cables que van del modulo al control, a la batería y al pulsador deberán ser de calibre 10.
- Los cables que van control, a las lámparas, deben ser de calibre 14.
- No trate de ahorrar dinero usando cables de menor calibre, no va a ahorrar nada significativo comparado con lo que gasto en su sistema de generación.
- Los cables expuestos al sol deben de tener la capacidad de resistir el medio ambiente, prefiera los de tipo USO RUDO.

Instalación, Operación y Mantenimiento:

- Fije los cables a la pared, techo y/o estructura, los cables sueltos están mas propensos a que se dañen o que alguien los jale en forma accidental.
- Verifique cada 6 meses que los cables están en buen estado.
- Para conectar el controlador use terminales de compresión.

Otros Aparatos, Accesorios y Herrajes

- Si tiene lámparas conectadas al sistema prefiera las diseñadas para sistemas solares, son mas eficientes y dan mas luz.
- La barra de tierra deberá ser preferentemente de cobre y de al menos 1.5 m de longitud.
- Los tornillos de los módulos deben ser galvanizados para que no se oxiden.
- Pinte sus estructuras para evitar corrosión
- El aparta-rayos, protege al sistema y a los usuarios en caso de descargas eléctricas.
- Verifique las conexiones antes de la temporada de lluvia.

Si el sistema deja de operar:

- Verifique, en el controlador, que el foco de batería cargada este encendido (verde). Si se encuentra en ROJO indica que la batería esta descargada. Deberá dejar que se cargue nuevamente por 3 días.
- Si la carga de la batería no se recupera indica que la batería ya no sirve y habrá que reemplazarla.
- Verifique que todos los cables están en buen estado y que las conexiones estén firmes.
- El sistema de tierras es muy importante, la falta de este puede provocar que el modulo se queme si cae un rayo cerca del sistema.

Tiempo de vida de los sistemas Fotovoltáicos.

Los módulos fotovoltáicos pueden operar perfectamente hasta por 25 años. Las baterías pueden operar hasta por 5 años si se cuida el nivel de agua y no se descargan completamente. El control de carga y el energizador pueden llegar a trabajar de 7 a 10 años. **De usted depende que su inversión sea útil por muchos años.**

TABLA PARA EL CALCULO DE HORAS-LAMPARA, WATTS MODULO Y KM DE CERCO.

KM DE CERCADO	40	30	20	10	
WATTS DEL MODULO — 120	18	19	20	21	HORAS LAMPARA
100	14	15	16	18	
75	10	11	12	13	
50	5	6	7	9	
30	2	3	4	5	
HORAS LAMPARA — 14	133	127	121	114	WATTS DEL MODULO
10	101	95	89	82	
6	69	63	57	51	
2	38	31	25	19	

Esta primera tabla sirve para que calcule cuantas horas-lámpara puede operar el modulo que ya tiene, además de dar servicio al cerco eléctrico.

Ejemplo 1: Si su pulsador es para 30 Km y usted tiene un modulo de 30 Watts usted podrá usar 1 lámpara por 3 horas o tres lámparas una hora cada una [horas-lámpara].

Ejemplo 2: Si usted tiene un modulo de 100 Watts y tiene un pulsador para 40 Km. Usted podrá tener hasta 14 horas-lámpara.

Esta segunda tabla, le sirve para seleccionar el modulo solar:

Ejemplo 3: Si usted desea energizar un cerco de 30 Km y además tener 10 horas-lámpara, deberá de adquirir un modulo de al menos 95 Watts.

Ejemplo 4: Si usted requiere energizar un cerco de 30 Km y tener solamente 2 horas-lámpara, requiere un modulo de 31 Watts

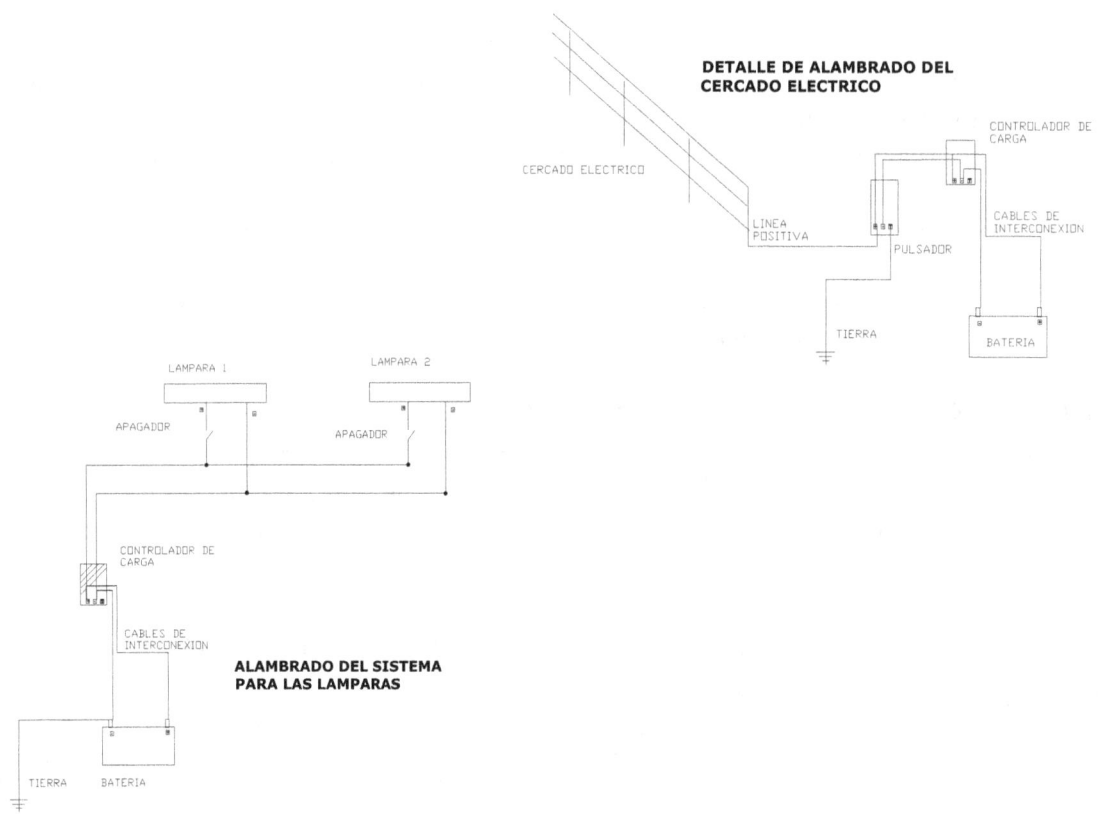

**DETALLE DE ALAMBRADO DEL
CERCADO ELECTRICO**

CONTROLADOR DE
CARGA

CERCADO ELECTRICO

CABLES DE
INTERCONEXION

LINEA
POSITIVA

PULSADOR

TIERRA

BATERIA

LAMPARA 1   LAMPARA 2

APAGADOR   APAGADOR

CONTROLADOR DE
CARGA

CABLES DE
INTERCONEXION

**ALAMBRADO DEL SISTEMA
PARA LAS LAMPARAS**

TIERRA   BATERIA

Diagramas eléctricos de conexión de los sistemas para el cerco eléctrico y para las lámparas.

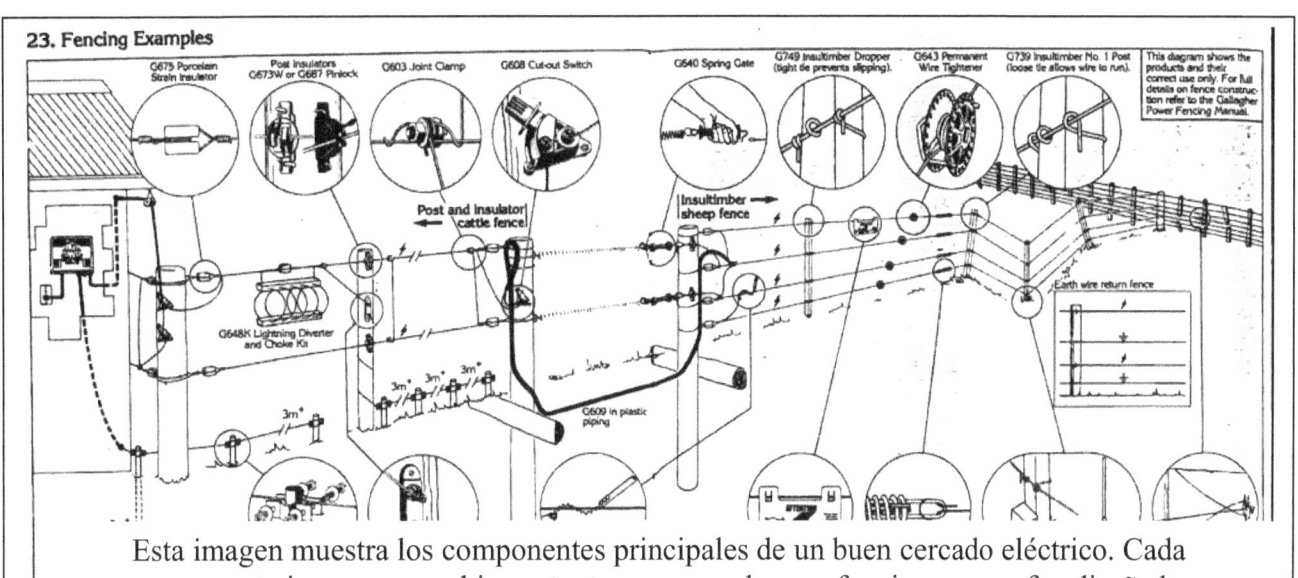

23. Fencing Examples

Esta imagen muestra los componentes principales de un buen cercado eléctrico. Cada componente juega un papel importante para que el cerco funcione como fue diseñado.

Cercado Eléctrico - Parte 3

CONTENIDO

ELECTRIFICADORES PMX

ELECTRIFICADOR DE BAJA IMPEDANCIA
Diseñado para entregar potencia hasta el final del cerco, inclusive sobre gran resistencia, ej: pasto alto sobre el alambrado.

GRAN PORTE
Robusto y resistente con un diseño profesional.

DISEÑO DE BAJA MANUTENCIÓN
Simple operación bajo el sistema de "Conecte y Use", le asegura una buena y fácil instalación, inclusive para aquellos usuarios menos experimentados.

LED INDICADOR
El Led Indicador se enciende a cada pulso, indicando que el aparato esta funcionando.

BORNES AISLADOS Y ROBUSTOS
Protegen al usuario, asegurando una excelente conexión al electrificador de los alambres y cables, de una manera sencilla y segura.

MULTIPLES OPCIONES DE INSTALACIÓN
El electrificador puede ser instalado en una pared o en los mismos postes del cerco.

La línea Patriot ofrece una completa línea de electrificadores que pueden ser utilizados en cercos de pequeña o mediana distancia. Para poder optar por el aparato que se adecua a sus necesidades, verifique el instructivo mas abajo. Cuando compare electrificadores, comparelos por las diversas energias de salida (Joules Liberados).

CÓDIGO	818226 (LA 110 V) 816827 (BR) 816833 (AR)	818227 (LA 110 V) 816828 (BR) 816834 (AR)	818228 (LA 110 V) 816829 (BR) 816835 (AR)	818229 (LA 110 V) 816830 (BR) 816836 (AR)	818230 (LA 110 V) 816831 (BR) 816837 (AR)
ALIMENTACIÓN	220 V / 110 V	220 V / 110 V	220 V / 110 V	220 V / 110 V	220 V / 110 V
TIPO	Baja impedancia	Baja impedancia	Baja impedancia	Baja impedancia	Baja impedancia
MAXIMA ENERGÍA LIBERADA					
MAXIMA ENERGÍA ACUMULADA	0.85 J	1.7 J	3.0 J	6.4 J	6.8 J
INTERVALO DE DISTANCIA[1]	25 km	50 km	75 km	100 km	130 km
GARANTÍA	2 años	2 años	2 años	2 años	2 años

[1] Basada en el pico de energía de salida del electrificador indicado por el equivalente de la competencia.

ELECTRIFICADORES PBX

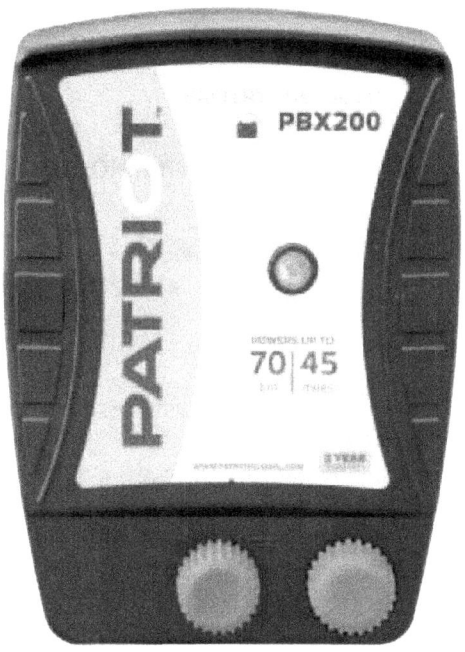

FUNCIONAN A BATERÍA
Funcionan a batería (no incluidas). El modo de economía de la batería maximiza la vida útil de la misma.

ELECTRIFICADOR DE BAJA IMPEDANCIA
Diseñado para entregar potencia hasta el final del cerco, inclusive sobre gran resistencia, ej: pasto alto sobre el alambrado.

GRAN PORTE
Robusto y resistente con un diseño profesional.

DISEÑO DE BAJA MANUTENCIÓN
Simple operación bajo el sistema de "Conecte y Use", le asegura una buena y fácil instalación, inclusive para aquellos usuarios menos experimentados.

LED INDICADOR
El Led Indicador se enciende a cada pulso, indicando que el aparato esta funcionando.

BORNES AISLADOS Y ROBUSTOS
Protegen al usuario, asegurando una excelente conexión al electrificador de los alambres y cables, de una manera sencilla y segura.

MULTIPLES OPCIONES DE INSTALACIÓN
El electrificador puede ser instalado en una pared o en los mismos postes del cerco.

Patriot le ofrece una completa línea de electrificadores que pueden ser utilizados en cercos de pequeña o mediana distancia. Para poder optar por el aparato que se adecua a sus necesidades, verifique el instructivo a continuación. Cuando compare electrificadores, comparelos por las diversas energías de salida (Joules Liberados).

CÓDIGO	818353	818354	818355
ALIMENTACIÓN	12 V	12 V	12 V
TIPO	Baja impedancia	Baja impedancia	Baja impedancia
MÁXIMA ENERGÍA LIBERADA			
MÁXIMA ENERGÍA ACUMULADA	0.67 J	1.7 J	2.75 J
INTERVALO DE DISTANCIA[1]	25 km	50 km	70 km
CONSUMO DE CORRIENTE	50 mA	110 mA	170 mA
PANEL SOLAR RECOMENDADO	6 W	15 W	30 W
GARANTÍA	2 años	2 años	2 años

[1] Basada en el pico de energía de salida del electrificador indicado por el equivalente de la competencia.

ELECTRIFICADOR SOLAR PS5

TOTALMENTE PORTATIL, DISEÑO COMPACTO "TODO EN UNO"
Posee un diseño liviano y compacto con alza incluida para poder trasportarlo fácilmente, tornando ideal su uso, en sistemas móviles. El equipo incluye batería interna y panel solar, todo en un solo equipo.

ENERGÍA SOLAR
Contiene un eficiente panel solar que carga la batería interna para que esta electrifique el cerco. Es ideal para zonas remotas, donde la red eléctrica no está disponible.

BATERÍA INTERNA RECARGABLE
Posee en su interior una batería recargable y sellada de 4 V. El panel solar recarga la batería para garantizar su alta durabilidad.

LUZ ROJA DESTELLANTE
Indica que el aparato está funcionando y electrificando el cerco.

SENCILLO INTERRUPTOR DE ENCENDIDO / APAGADO
Operación básica y sencilla.

DISEÑO ROBUSTO
Diseñado para ser utilizado en las condiciones climáticas mas variadas.

1 AÑO DE GARANTÍA

PS5

Una alternativa solar económica para pequeños cercos.

CÓDIGO	POTENCIA	MÁXIMA ENERGÍA LIBERADA	MÁXIMA ENERGÍA ALMACENADA	INTERVALO DE DISTANCIA	CONSUMO DE CORRIENTE	GARANTÍA
817369	4 V	0.05 J	0.07 J	2.5 km	20 mA	1 año

* Disponible solamente en algunos mercados.

VOLTÍMETRO DIGITAL
Artículo: 806217

» **Herramienta esencial para un test preciso del voltaje del cerco y del sistema a tierra**

» Lecturas de 200 V a 9.900 V

» Construido para alta durabilidad y uso continuo

» Garantía de 1 año. Incluye práctico manual de instrucciones.

VOLTÍMETRO
Artículo: 817218

» **Esencial para medir la perfomance del cerco y como diagnostico de problemas**

» Cada luz indica 1.000 V.

AISLADORES DE LÍNEA CUADRADOS
Artículo: 814716

» **Aislador de línea económico**

» Puede ser usado con alambre o hilo electroplástico

» 5 años de garantía, negro, 25 por bolsa.

AISLADOR CLAW
Artículo: 817199

» **Gran escudo para evitar chispas**

» Se conecta fácilmente al poste de madera con clavos o tornillos

» Mandíbulas más grandes para el uso con alambres bien tensionados, hilo electroplástico y cinta electroplástica de 12 mm

» 5 años de garantía, negro, 25 por bolsa.

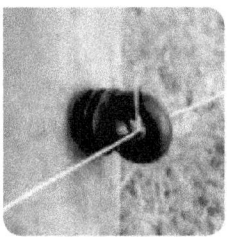

AISLADOR RING CON SOPORTE CORTO
Artículo: 817201

» **Aislador para ser atornillado a postes de madera**

» Funciona con alambres bien tensionados e hilo electroplástico

» Para acelerar la instalación, use herramientas de perforación Patriot (815042)

» Garantía de 5 años, negro, 25 por bolsa.

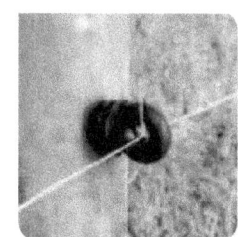

AISLADOR RING CON SOPORTE LARGO
Artículo: 817202

» **Aislador para ser atornillado a postes de madera**

» Reforzado internamente para una mejor performance

» Funciona con alambres bien tensionados e hilos electroplásticos

» Para acelerar la instalación, use herramientas de perforación Patriot (815042)

» 5 años de garantía, negro, 25 por bolsa.

AILADOR RING DE DOBLE PROPOSITO
Artículo: 817353

» **Aislador para ser atornillado a postes de madera**

» Funciona con alambres bien tensionados, hilos electroplásticos y cintas electroplásticas hasta 12 mm

» Para acelerar la instalación, use herramientas de perforación Patriot (815042)

» 5 años de garantía, negro, 25 por bolsa.

TUBO PLÁSTICO AISLANTE

» **Para aislar el alambre en postes de madera**

» Indicado para alambres bien tensionados en cercos permanentes

» 5 años de garantía, negro, 50 m por rollo.

AISLADOR ESQUINERO / RIENDA
Artículo: 809981

» **Tiene largas, grandes y profundas canaletas que mantiene el alambre en el lugar correcto previendo que se arquee**

» Indicado para alambres bien tensionados, hilos electroplásticos en cercos permanentes, para final de línea, curvas y esquinas

» 5 años de garantía, negro, 25 por paquete.

AILADOR ESQUINERO
Artículo: 814715

» **Aislador esquinero básico**

» Para ser utilizado con alambres mas finos o hilo electroplástico

» 5 años de garantía, negro, 10 por paquete.

AISLADOR MOVIL A ROSCA
Artículo: 814714

» **Para ser usado en varillas de 6 mm a 16 mm**

» Para ser utilizado con alambres bien tensionados, hilos o cintas electroplásticas de hasta 12 mm

» 5 años de garantía, negro, 25 por paquete.

CABLE SUBTERRANEO CON AISLAMIENTO SIMPLE (50 M)
Artículo: 817214

» **Aislamiento simple con alambre galvanizado de 12.5**

» Para ser usado por debajo de las tranqueras manteniendo la tensión, o como línea de salida de energía del electrificador, o para conectar alambre positivo y negativo

» 1 año de garantía, negro, rollo de 50 m.

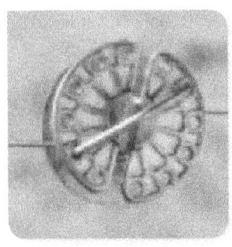

TENSOR MARGARITA
Artículo: 815453

» **Úsese con alambre de alta resistencia, en cercos fijos, para mantener la tensión de la línea del cerco**

» Resiste la corrosión

» 1 año de garantía, 25 por bolsa (incluye traba de fijación).

TENSOR EN LÍNEA.
Artículo: 909813

» **Úsese con alambre de alta resistencia, en cercos fijos, para mantener la tensión a través de la línea del cerco o en los alambres de soporte (zigzag)**

» Hecho de sólido acero y aluminio con un diseño de cierre de resorte único y original

» 1 año de garantía.

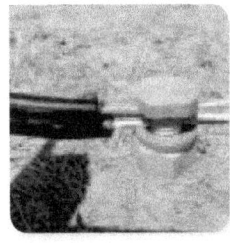

ABRAZADERAS
Artículo: 809984

» **Diseño de abrazadera tipo perro usada para mantener varios alambres de la cerca o cable subterráneo**

» Hecho de zinc sólido recomendado para todas las conexiones de líneas en cercas fijas

» 1 año de garantía, bolsa con 5.

FENCE ALERT
Artículo: 804565

» **La luz parpadea si el voltaje de la cerca es muy bajo o si hay una pérdida de potencia**

» Puede ser vista hasta a 1.6 km de distancia

» Se cuelga en el alambre del cerco, hilo electroplástico y/o cinta electroplástica.

» Batería de litio reemplazable. Puede durar hasta 5 años en standby o 2 semanas de parpadeo continuo

» 1 año de garantía, solo cuelgue y encienda.

SEÑAL DE ADVERTENCIA
Artículo: 809700

» **Claro aviso de advertencia**

» 1 año de garantía.

SWITCH CORTA CORRIENTE
Artículo: 817216

» **Adecuado para postes de Madera o de metal**

» Direcciona la corriente en función del rodeo a confinar. Interrumpe en dos puntos

» Accesorios de acero inoxidable para contacto positivo no-corrosivo y completamente sellado contra insectos y la intemperie

» 1 año de garantía, negro.

MANIJA PARA PUERTA
Artículo: 817217

» **Completamente aislada, manija de plástico durable con agarradera antideslizante usada para puertas electrificadas**

» Funciona con alambre de alta resistencia, hilo electroplástico y/o cinta electroplástica o como una manija de remplazo para la Puerta Patriot con Resorte (809983) ya sea para cercos fijos o temporales

» 1 año de garantía.

MANIJA NO KICK
Artículo: 810838

» **Completamente aislada, manija de plástico durable también puede ser usada para sostener alambres electrificados**

» Funciona con alambre de alta resistencia, hilo electroplástico y/o cinta electroplástica, ya sea para cercos fijos o temporales

» 1 año de garantía, amarilla.

CONECTOR / SOPORTE PARA TRANQUERAS
Artículo: 814212

» **Para ser atornillado a postes de madera**

» Aislada para usarse con manija de puerta

» Opción económica para hacer una puerta entre postes de madera

» 1 año de garantía, 2 por paquete.

CARRETEL
Artículo: 817211

» **Estructura robusta que puede utilizarse con bobina de hasta 200 m de cinta o 500 m de hilo electroplástico**

» El gancho le permite colgarlo en el alambre del cerco para usarlo en cercos temporales

» 1 año de garantía para el carretel, 5 años de garantía UV para la bobina

» No se incluye la cinta o el hilo.

HILO ELECTROPLÁSTICO
Artículo: 809759 / 809760

» **Excelente opción para cercos temporales con postes de plástico o varillas de hierro con rulo**

» 6 filamentos de acero inoxidable para buena conductividad plástico estabilizado anti-UV para una larga vida

» Disponible en blanco, dos tamaños: 200 m (809759), 500 m (809760).

DEL CERCO

PASO 1

Pregúntese, "¿Necesito un cerco eléctrico permanente o temporal?"

	TEMPORAL		PERMANENTE
Tiempo de duración	Larga (hasta 30 años)		Corta (Menos de 3 años)
Grado de dificultad de la instalación	Ayuda algo de conocimiento, se requieren herramientas especiales		Rápido y simple
Distancia / Area	Ilimitada		Pocas hectáreas o km de cerco
Ganado bajo control	Todos		Algunas limitantes
Rutina de mantenimiento	Pocas veces al año		Pocas veces al año
Fácil de mover	No		Sí

PASO 2

Dibuje un diagrama y mida la distancia del área que quisiera cercar. Tome nota de cualquier característica a lo largo de la línea que se propone (por ejemplo: lomas, fuentes de agua, árboles, caminos, etc.) Así como también donde pretende poner puerta(s). De ser necesario, también es buena idea hacer que su compañía eléctrica marque todos los cables / líneas que puedan estar inmediatamente cerca.

PASO 3

Dependiendo del tipo de su cerco eléctrico, puede necesitar electrificadores a 220 V, a Batería o Solares.

Los electrificadores de red eléctrica Patriot – PMX50, PMX120, PMX200, PMX350 y PMX450 son normalmente usados para electrificar cercos permanentes, y funciona con corriente de 110 volt o 230 volt. Electrificador a Batería Patriot - PBX50, PBX120 y PBX200 son adecuados para cercos eléctricos temporales, y pueden trabajar con baterías de 12 volt. Electrificador Solar Patriot – PS5 funciona con panel solar y batería para proveer un conveniente sistema "Todo en uno" para cercos temporales.

Algunos electrificadores solo muestran la cantidad de energía almacenada. Como el nombre indica, la energía almacenada es la cantidad de energía almacenada dentro del electrificador. No se relaciona con la cantidad de energía suministrada al cerco. (La línea Patriot muestra ambos rangos, el de salida y el almacenado, para que conozca exactamente la potencia real del electrificador.)

PASO 4

Ahora que ha seleccionado su electrificador, usted puede determinar como va a construir su cerco. ¿Va a usar postes de madera, varillas, etc.? O ¿Es un cerco temporal con postes de plástico? ¿Qué tipo de puerta(s) planea usar? Patriot ofrece una buena variedad de accesorios para cubrir la mayoría de las necesidades de su cerco eléctrico. Por favor revise las páginas de cercos eléctricos temporales y permanentes para ayudarle a determinar que accesorios Patriot se adaptan mejor a su necesidad.

PASO 5

Esta es una de las cuestiones más importantes del cerco. Sin un adecuado sistema a tierra, usted no podrá alcanzar el máximo de los beneficios de su cerco eléctrico. Por favor vea la sección "Hacer Tierra y Pruebas" de esta guía (paginas 15-16) para más información en como instalar correctamente y probar un buen sistema a tierra.

CONSEJOS A

Si planea usar corriente de 220 volt para darle poder a su electrificador, este debería estar cerca de la fuente de energía. Si planea usar una batería de 12 volt, el electrificador puede estar en el exterior. Debido a su sólida estructura, resistente al medio ambiente, el Patriot PS5 puede ser fácilmente colocado en el alambre del cerco o en algunos de los postes.

En cualquier caso, utilice el manual del usuario para instrucciones de instalación específicas y siempre instale el electrificador fuera del alcance de niños y animales.

Si, usted puede usar más de un electrificador, pero cada electrificador debe estar en un sistema de cerco separado. **NUNCA** conecte más de un electrificador al **MISMO CERCO**.

Los mejores cercos eléctricos permanentes se construyen usando alambre galvanizado de alta tensión calibre 12.5, ya que ofrece menor resistencia que un alambre de menor calibre y tiene la suficiente capacidad para llevar la corriente eléctrica del cerco.

Algunas personas usan alambre galvanizado de menor calibre (calibre 14 ó 16 u otro); sin embargo, estos presentan mayor resistencia con la consecuente perdida de efectividad de su electrificador y la vida de su cerca puede que no sea tan larga. (El alambre de aluminio no es igual que el alambre de acero galvanizado. El alambre de aluminio delgado también tiene menor resistencia que alambres de acero de igual calibre.) Para cercas temporales, la mejor opción es un buen hilo electroplástico y/o cinta electroplástica con al menos 6 hebras de conductores.

GUIA DE CERCADO

PERMANENTE

Un cerco eléctrico permanente es una gran opción si se construye correctamente, puede durar por casi 30 años con solo cierto mantenimiento de rutina. Es el tipo de cerco eléctrico más común, funciona excepcionalmente bien para contener a todo tipo de ganado y mantener alejados a la mayoría de los depredadores.

Los esquineros o finales de línea están generalmente hechos de postes de madera con un tubo de metal entre ellos. (También se puede usar postes tubulares de metal en lugar de postes de madera.) Estas retenidas se hacen de al menos dos postes con una separación de por lo menos 3 metros o 2.5 veces la altura del cerco terminado. Estas retenidas tipo H sirven como base de la línea del cerco y ayudan a mantener la tensión. Para más información en construcción de retenidas por favor consulte a su distribuidor Patriot local o a una compañía de construcción de cercos.

La mayoría de los cercos eléctricos permanentes tienen de 2 a 6 cables. Al ganado y a los caballos generalmente se les pueden poner de 2 a 3 alambres, mientras que para ovejas y cabras deben colocarse por lo menos, 5 ó 6 alambres. Para mantener un mejor control, debe mantener un adecuado espacio entre cada alambre. A continuación encontrara algunos ejemplos (se pueden encontrar diagramas adicionales del espaciado de los alambres en la página web de Patriot www.patriotglobal.com).

Los cercos eléctricos permanentes pueden construirse adecuadamente con postes de madera, postes de acero o postes de varilla. Normalmente el tipo de poste se escoge en relación a la disponibilidad local y al precio. Basado en su tipo de poste, estos son los aislantes Patriot que debe considerar:

Aislante	Código	Poste de madera / acero	Poste de varilla
Aislador Cuadrado para Poste de Madera	814716	✓	
Aislador Claw para Poste de Madera	817199	✓	
Aislador Ring de Soporte Corto	817201	✓	
Aislador Ring Atornillable – Largo	817202	✓	
Aislador Ring Doble Propósito	817353	✓	
Tubo Plástico Aislante de 10 cm		✓	
Aislador Esquinero / Rienda	809981	✓	
Aislador Esquinero	814715	✓	
Aislador Móvil a Rosca	814714		✓

ESPACIADOR DEL ALAMBRE PARA GANADO Y CABALLOS

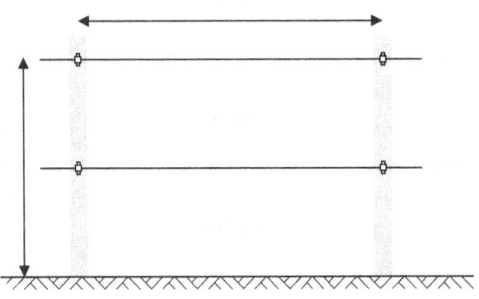

ESPACIADOR DEL ALAMBRE PARA OVEJAS Y CABRAS

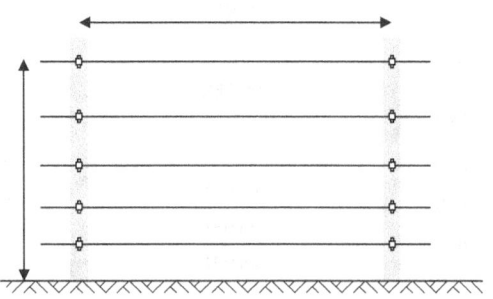

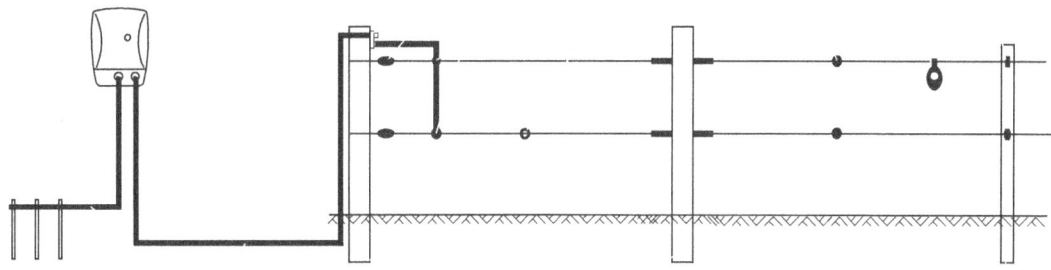

* NOTA acerca de los aisladores - los aisladores esquineros, de seguro / tipo CLAW / tubos aislantes, pueden ser usados en todo el cerco o mezclados, dependiendo de las necesidades individuales y el tipo de poste.

✓	Diagrama de Distribución del Cerco
✓	Electrificadores de Red Eléctrica Patriots
✓	Postes
✓	Aisladores
✓	Alambre Galvanizado de alta Tensión de Calibre 12.5
✓	Aisladores Esquinero o Rienda
✓	Varilla(s) a Tierra y Abrazadera(s) a Tierra
✓	Cable Subterráneo
✓	Switch(es) Corta Corriente
✓	Abrazaderas
✓	Tensores en Línea / Margarita
✓	Kit para Rayos
✓	Voltímetro Digital
✓	Fence Alert
✓	Puerta de Resorte / Manija o Portera (opcional)
✓	Aislador Envolvente (opcional)

La cantidad de artículos que necesite depende del largo total del cerco, número de postes, número de alambres y la manera en que maneje el cerco. (Por ejemplo, para un cerco de 2 alambres, necesitara 2 aisladores por poste. Para un electrificador PMX350 necesitara por lo menos 3 varillas a tierra con abrazaderas.) Dependiendo de si está Ud. construyendo un cerco o se dedica a construir cercos puede no necesitar todas las herramientas mencionadas en esta lista.

GUIA DE CERCO
TEMPORAL

Un cerco eléctrico temporal funciona bien para mantener un pequeño número de ganado por un relativamente corto periodo de tiempo. El cerco se puede construir rápidamente y moverse tan seguido como sea necesario. Los cercos eléctricos temporales son una excelente opción para el ganado vacuno y caballos. Son suficientemente buenas para ovejas y cabras, pero requieren más trabajo y mayor atención al detalle (por ejemplo: el espaciado de los alambres, los postes disponibles, la tensión de la línea, etc.). Los cercos eléctricos temporales también son una excelente opción para mantener animales indeseados lejos del área por Ud. determinada.

POSTES

Los cercos eléctricos temporales son generalmente construidos ya sea con varillas con rulo o varillas plásticas de calidad. Para más información de estos productos, llame a su distribuidor Patriot más cercano.

¿CÓMO UNIR HILO ELECTROPLÁSTICO Y/O CINTA ELECTROPLÁSTICA?

Para unir hilo electroplástico roto (o de puntas separadas), use un encendedor para quemar el plástico dejando así los alambres de acero inoxidable expuestos. Tuerza y una los alambres juntos, luego ate el hilo electroplástico en un nudo. La corriente eléctrica puede pasar a través de los alambres.

ALAMBRE

Mientras que los cercos eléctricos permanentes se construyen con alambres de alta tensión calibre 12.5, los cercos eléctricos temporales se construyen con hilo electroplástico (rollo de 200 m – 809750, rollo de 500 m - 809760). El hilo electroplástico contiene 6 filamentos de acero inoxidable e hilo estabilizado contra los rayos UV. Además, son blancos para mayor visibilidad.

¿ES UN CERCO TEMPORAL APTO PARA SER USADO COMO CERCO DIVISOR?

No, un cerco temporal no es adecuado para ser utilizado como cerco divisor. Un cerco permanente es la mejor opción.

	CHECKLIST PARA UN CERCO ELÉCTRICO TEMPORAL
✓	Diagrama de Distribución del Cerco
✓	Electrificador Solar / a Batería Patriot
✓	Varilla de Plástico / Varilla Hierro con Rulo
✓	Hilo Electroplástico / Cinta Electroplástica
✓	Carretel
✓	Voltímetro Digital
✓	Fence Alert
✓	Manija / Manija "No-Kick"

La cantidad de cada artículo dependerá del largo total del cerco, número de alambres y su manera de manejo.

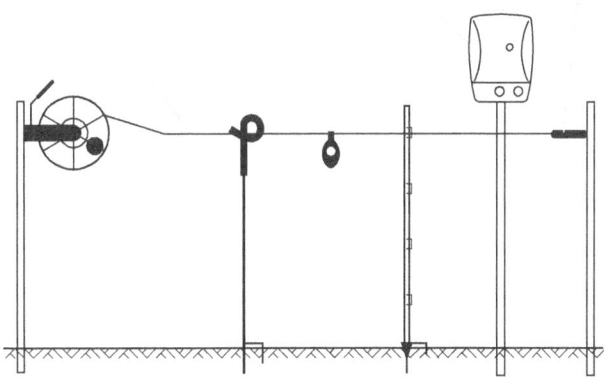

Nota: Las imágenes mostradas anteriormente demuestran como instalar un cerco temporal. No todos los productos están disponibles en todos los mercados. Póngase en contacto con su distribuidor más cercano Patriot para mayores informaciones.

SISTEMA A TIERRA
Y COMO PROBARLA

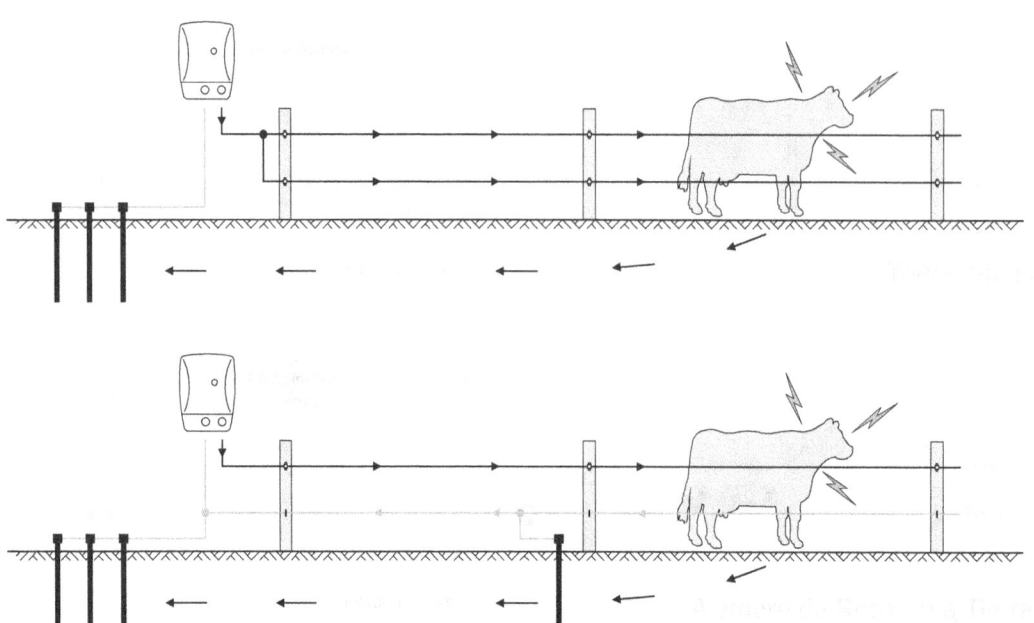

¿QUE ES UN SISTEMA A TIERRA?

Un sistema a tierra es el componente más importante de cualquier sistema de cerco eléctrico. Si un cerco eléctrico no está con un buen sistema a tierra, será mucho menos efectivo.

Un sistema a tierra consiste de un número de varillas enterradas que absorben electrones en el suelo. Cuanto más grande sea el electrificador y más grande el tamaño del cerco, mas varillas a tierra serán necesarias.

¿COMO FUNCIONA LA TOMA DE TIERRA?

Para que el alambre de un cerco le dé a un animal un shock eléctrico, la corriente eléctrica (producida por un electrificador) debe completar un circuito. La corriente del electrificador fluye por los alambres, a través del cuerpo del animal, a través del suelo y luego al sistema a tierra, retornando nuevamente al electrificador. Si el sistema tierra no funciona correctamente, no le dará al animal un shock efectivo.

¿QUE FACTORES AFECTAN EL SISTEMA A TIERRA?

Los suelos de tipo seco, arenosos y no conductivos limitan el flujo de la corriente a las varillas de tierra. Si usted tiene un suelo que no es adecuado para hacer

tierra, use varillas a tierra adicionales, elija una mejor locación para su sistema de tierra, o use un método alterno de tierra.

La vegetación que toca los alambres vivos del cerco hace que la corriente se pierda, causando que la cerca haga "corto" y que el voltaje disminuya. Revise el cerco regularmente para asegurarse que pasto alto o ramas que cuelguen no estén tocando los alambres vivos del cerco.

Usar diferentes metales en el sistema a tierra provocara una electrolisis. Esto puede hacer que las partes del sistema a tierra se desintegren en un corto periodo de tiempo. Por ejemplo, nunca use alambre de cobre con varillas galvanizadas a tierra.

ESCOGER EL SISTEMA DE TIERRA CORRECTO

SISTEMAS DE TIERRA – TODO VIVO

Un sistema de tierra todo vivo se recomienda cuando el suelo es conductivo (la mayoría de los suelos húmedos son conductivos). Cuando un animal parado en el suelo toca el cerco, se completa el circuito y el animal recibe un shock.

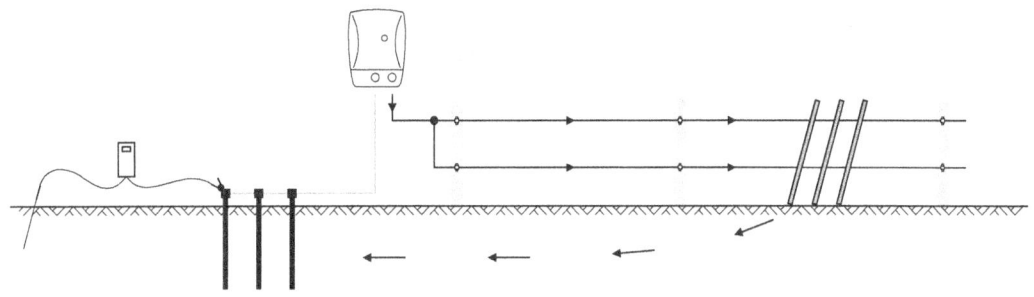

SISTEMAS DE TIERRA – ALAMBRE DE RETORNO A TIERRA

Un sistema de alambre de retorno a tierra se recomienda cuando el suelo es no conductivo (la mayoría de los suelos húmedos son conductivos). El cerco se construye usando alambres vivos y a tierra. Cuando un animal toca el alambre vivo y el alambre a tierra al mismo tiempo, se completa el circuito y el animal recibe un shock.

Un lugar adecuado para el sistema a tierra es:

» Al menos a 10 m de distancia de cualquier otro sistema a tierra (por ejem, teléfono, línea eléctrica casera, etc.)

» Lejos del transito de ganado u otro transito que pueda interferir con la instalación

» Donde se pueda acceder fácilmente para efectuar cualquier mantenimiento

» Idealmente, donde haya un suelo húmedo todo el año (por ejemplo un área cubierta o debajo de una canaleta que gotee de un edificio).

NOTA: Si no es posible colocar el sistema a tierra cerca del electrificador, es posible que se pueda usar la línea del cerco existente para conectar a un sistema de tierra remoto. En climas secos, puede ser necesario mojar el sistema de tierra para mejorar la conductividad del suelo.

El número de varillas a tierra dependerá del tipo de electrificador utilizado y de la condición del suelo. Consulte la información que viene con su electrificador, para más información acerca de la cantidad correcta de varillas a tierra que debe utilizar.

Para insertar las varillas a tierra:

1. Separe el número necesario de varillas a tierra de 2 m al menos a 3 m de distancia entre sí

2. Entierre profundamente las varillas en el suelo, al menos a 3 m de distancia. Asegúrese de que las varillas a tierra sobresalgan de la tierra al menos 10 cm para que puedan ser fácilmente conectados

3. Una las varillas a tierra en una serie usando abrazaderas (o abrazaderas a tierra) y cable aislante.

1. Apague el electrificador.

2. Al menos a 100 m del electrificador, haga un corto circuito severo en el cerco colocando varias varillas de acero (o pedazos de tubería) apoyados ene l cerco. En suelos secos o arenosos, entierre las varillas hasta 30 cm en el suelo.

3. Encienda el electrificador.

4. Use un voltímetro digital para medir el voltaje del cerco. Debe medir 2 kV o menos. Si no, ponga más varillas de acero contra el cerco.

5. Para chequear el sistema a tierra, inserte la sonda en el suelo a lo largo máximo del cable y sujete el clip a la ultima varilla a tierra. La lectura del voltímetro no debe de ser de más de 0.3 kV. Si la lectura es mayor que esta, el sistema a tierra es insuficiente. Chequee la lista de cosas necesarias para hacer tierra, agregue mas varillas a tierra, o busque un lugar mejor para su sistema de tierra.

✓	Todos los alambres se atan.
✓	Las conexiones a las varillas a tierra se aseguran.
✓	Las varillas a tierra tienen al menos 2 m de largo y están a 3 m de distancia.
✓	Hay un número suficiente de varillas a tierra.
✓	Todas las partes del sistema a tierra son del mismo metal.
✓	Las varillas a tierra se entierran profundamente en el suelo.

SOLUCION
DE PROBLEMAS

Las fallas (cortos) en el cerco pueden reducir su efectividad y también pueden causar otros problemas, como interferencia en las líneas telefónicas o conexiones internas. Las causas de las fallas pueden ser: vegetación tocando alambres vivos, alambres o aisladores rotos, mala tierra, metales corroídos en la línea del cerco, malas conexiones, mal aislamiento, etc. Revisar su cerco regularmente usando un Voltímetro Digital Patriot (806217) es importante para mantener la instalación efectiva y sin problemas.

CONSEJO:

La corriente eléctrica fluye hacia la falla (corto) de la misma manera que el agua fluye hacia el desagüe. Un voltímetro digital le permite seguir la dirección de la corriente hacia la falla.

1. Revise el electrificador y el sistema a tierra.
2. En el primer switch de apagado, desconecte el resto de la cerca y tome una lectura del voltaje. El voltaje debe de ser normal.
3. Muévase a lo largo de la línea de la cerca desconectando cada sección de la cerca y tomando una lectura del voltaje en cada switch de apagado. Una falla mostrara una lectura anormalmente alta.
4. Si continua con problemas, siga las soluciones de problemas a continuación.

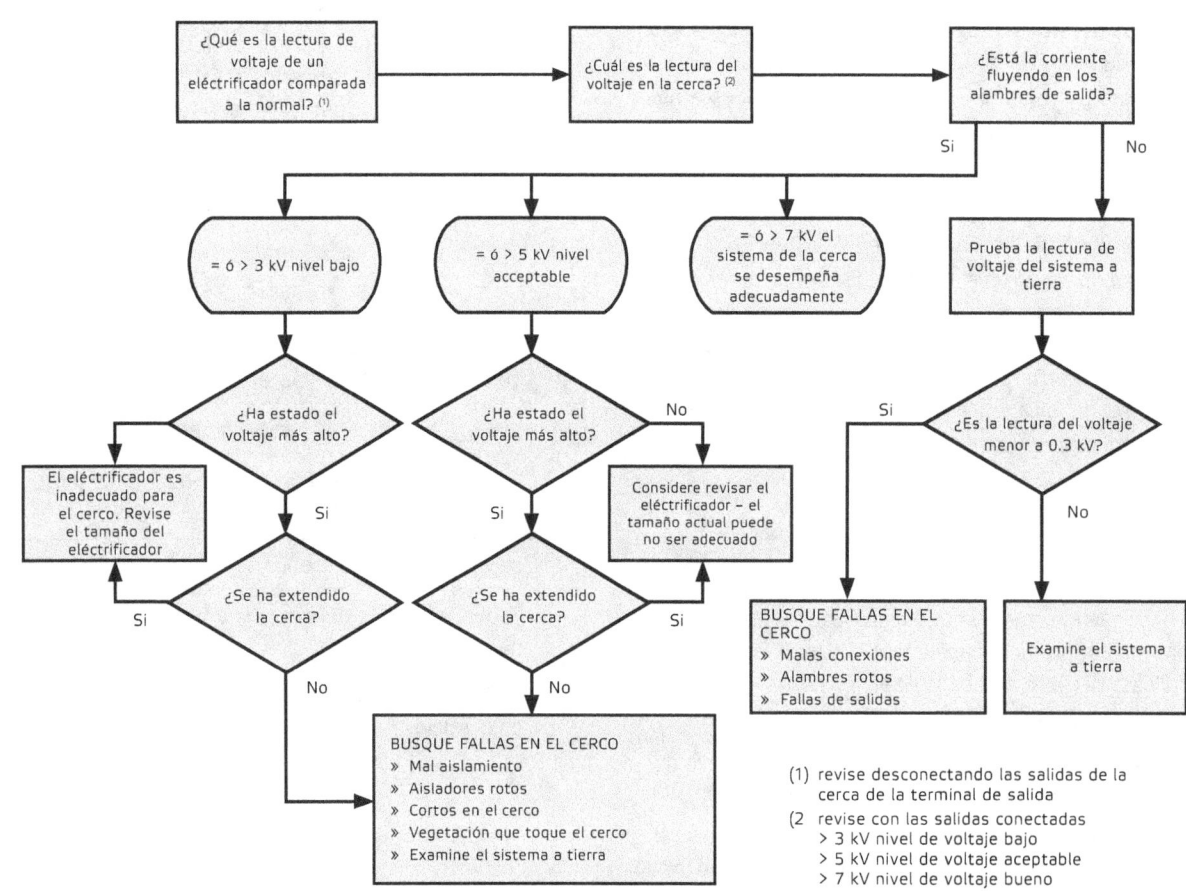

(1) revise desconectando las salidas de la cerca de la terminal de salida
(2 revise con las salidas conectadas
> 3 kV nivel de voltaje bajo
> 5 kV nivel de voltaje aceptable
> 7 kV nivel de voltaje bueno

CERCOS ELÉCTRICOS

TERMINOLOGÍA

corriente alterna, energía eléctrica 110 – 120 V o 220 – 240 V.

unidad de corriente.

son usados para almacenar energía dentro del electrificador.

CORRIENTE: flujo de carga eléctrica. Aumentando la resitencia, dismunuye la corriente.

corriente continua. Alimentación a batería (12 V).

perdida de energía del cerco (ejem: alambre electrificado caído, vegetación en exceso, sobre el alambre, etc.).

las varillas en el suelo conectadas al terminal "tierra" del electrificador.

unidad de energía.

sección del cable subterráneo o cable que transporta la corriente eléctrica desde el electrificador al cerco.

el cable de corriente conectado a la terminal de salida del electrificador de cerco.

unidad de resistencia.

energía efectiva generada por el electrificador.

pequeña corriente eléctrica originada por el electrificador, comúnmente medida en microsegundos.

perdida de potencía y voltaje en el cerco.

energía acumulada en el/ los capacitor/es entre los pulsos.

unidad de fuerza. Un Watt es un Joule por segundo.

unidad de tensión eléctrica, causa el flujo de corriente. A veces es definido en "kV" que es igual a 1.000 volts.

CONSEJOS

El cerco eléctrico es una barrera de contención psicológica, no física. De esta manera no existe la necesidad de tensionar el alambre excesivamente. El alambre electrificado debe ser tensionado a 90 kg/fuerza. En comparación con el sistema convencional que debe ser tensionado a 154 kg/fuerza. La tensión de cada alambre puede ser medida utilizando un tensiómetro.

Muchos establecimientos sufren las IRF. Esto se traduce a menudo en la recepción de radio pobre y un ruido molesto (tic-tac) en la línea telefónica.

Los equipos Patriot están equipados con componentes especiales para reducir el nivel de emisiones de radio frecuencia que podrían afectar a los equipos eléctricos adyacentes.

Un método para entrenar a los animales a respetar cercos eléctricos, es usar un corral pequeño y bien cercado. Divida el corral con el electrificador Patriot e Hilo Electroplástico.

Introduzca los animales no adaptados al corral. Los animales aprenden rápidamente a evitar la barrera de formada por el cerco eléctrico.

Evite el uso de diferentes tipos de metales de su cerco eléctrico. En días húmedos, el paso de energía eléctrica através de diferentes metales provoca electrólisis. Por ejemplo, si utiliza varillas de acero inoxidable y la línea de salida electrificada con alambre de aluminio, causara problemas en un corto espacio de tiempo y el aluminio se ira desintegrando. Si es posible, mantenga las conexiones de alambre sobre la línea del suelo para permitir el paso del aire y disminuir la electrólisis. Selle las conexiones con pintura epoxi para mantener la humedad fuera del area de conexión. El uso de metales identicos en su cerco eléctrico evitara problemas futuros con la electrólisis.

CERCOS ELÉCTRICOS

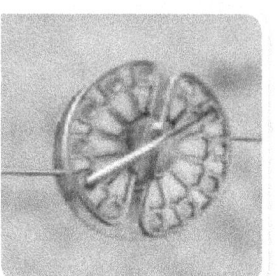

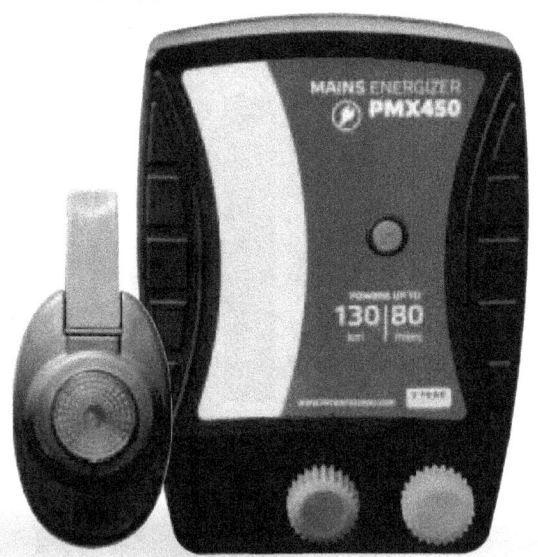

Cercado Eléctrico - Parte 4

CERCAS ELÉCTRICAS

1. INTRODUCCIÓN

Uno de los grandes problemas que encontramos en la ganadería ha sido el manejo de los terrenos para pastoreo de los animales, especialmente en la construcción y mantenimiento de los cercos para lograr una buena rotación de los animales en cada uno de los potreros. Hoy gracias a los avances de la tecnología disponemos de un sistema de cercas eléctricas "Electro Shock", el cual es una solución práctica y muy económica para obtener máximas ganancias de las subdivisiones de potreros. En este manual encontramos la orientación para la adecuada instalación de los impulsores "Electro Shock" en el sistema de cercas eléctricas.

2. VENTAJAS DE LAS CERCAS ELÉCTRICAS

⚡ Proteger el animal de depredadores e intrusos.
⚡ Mantiene el animal dentro de la propiedad y en el lugar deseado.
⚡ Ideal para separar diferentes tipos de animales.
⚡ Permite el crecimiento y rotación de cosechas y pastos.
⚡ Protege la piel del animal. Constantemente vemos heridas de ubres y pieles . por alambre de púas.
⚡ Se pueden diseñar cercos fijos o movibles.
⚡ Durabilidad (Tienen poco contacto con el animal).
⚡ Aumenta la producción de leche y carne.
⚡ Mejor presentación.
⚡ Mas económica (bajo costo)
⚡ Las ventajas de lo concerniente a la economía son incontables, veremos algunas:
- Se logra mejor producción en la misma área.
- La instalación es de muy bajo costo ya que los postes intermedios, se colocan cada 10 o 12 metros y por ende utilizamos menos accesorios.
- El costo de pieles y ubres con heridas pasa de millones de pesos y la industria marroquinera rechaza miles de pieles por esta causa.

3. ¿QUÉ ES Y COMO ACTÚA UN IMPULSOR PARA CERCA ELÉCTRICA ELECTRO SHOCK?

Un impulsor o electrificador, es un equipo diseñado para generar impulsos cortos de alto voltaje y bajo amperaje a intervalos iguales de tiempo los cuales se propagan a través del alambre de la cerca. Los impulsos generados por el equipo son inofensivos. Sólo causa a los animales una reacción de rechazo cuando estos tratan de sobrepasar el alambre, cuando el animal toca la cuerda de alambre, recibe una descarga de alto voltaje que los asusta reteniendo esta sensación en su instinto y tomandole miedo al alambre.

3.1 INSTALACIÓN DEL IMPULSOR

El impulsor "Electro Shock" debe instalarse en un lugar seco y protegido de la interperie puesto que la caja es inoxidable la humedad puede deteriorar sus componentes electrónicos. La unidad "Electro Shock" posee dos orificio en su parte posterior, para ser colgada sobre dos clavos cortos incrustados en la pared. El impulsor esta provisto de dos terminales de salida, el terminal con aislador rojo es positivo y debe instalarse al cable portador de corriente que va hacia el cerco. El terminal tipo mariposa se conecta a las varillas que harán de masa o polo negativo.

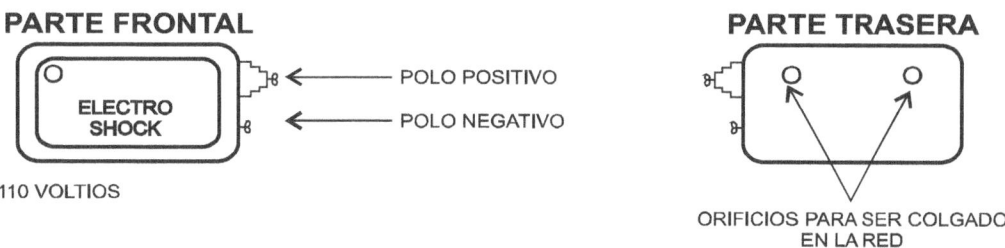

4. CONEXIÓN DE LAS VARILLAS DE MASA O POLO NEGATIVO

Una cerca sin sistema de conexión a tierra no funciona ya que el impulsor no puede completar o cerrar el circuito. El sistema de tierra de un impulsor es como la antena de un radio. Un radio muy potente requiere de una antena grande. Y un impulsor de alto poder también requiere de un sistema de tierra grande y efectivo para recolectar un gran numero de electrones del suelo, el suelo no es generalmente muy buen conductor así que los electrones, tienden a esparcirse en un área muy grande y tienden a reunirse en áreas del suelo con altos contenidos de minerales. En áreas con suelos conductores y húmedos durante todo el año tres electrodos galvanizados de 1.80 metros de longitud o preferiblemente varillas COPPER WELL de cobre y enterradas con separación de 3 metros una de la otra puede ser suficiente. Procure que la distancia entre el impulsor y los electrodos a tierra sea lo mas corta posible y la conexión entre estos sea en alambre de cobre No. 08 o No. 10, los suelos secos presentan una alta resistencia al flujo de electrones, así que en lo posible se debe seleccionar un lugar húmedo para enterrar los electrodos.
Para solucionar el problema de un sistema de conexión a tierra en suelos secos y de bajo contenido de minerales debe utilizarse un sistema de tierra con un relleno de sal bentonita.
La sal es excelente conductora y además atrae la humedad, usando este sistema se logra generalmente en 10 veces una mejoría en el alcance de la cerca. Perfore huecos de al menos 10 centímetros de diámetro a 1.50 metros de profundidad y a una distancia de 10 metros uno del otro, llene cada hueco con sal bentonita. Inserte en cada uno una varilla de acero inoxidable por que la sal es muy corrosiva. Utilice abrazaderas para conectar las puntas sobresalientes de las varillas entre si. Y luego con el polo negativo del impulsor, usando alambre de cobre No. 08 o No.10 durante sequías muy prolongadas puede ser necesario humedecer el terreno al rededor de los electrodos ya enterrados.

4.1 PROTECCIÓN CONTRA TEMPESTADES

En épocas invernales y con alta descarga de rayos es necesario proteger el impulsor, pues si cae una descarga en los alambres esta dañaría el equipo. Es

121

aconsejable colocar una cuchilla de cobre tanto en el cable que conduce el impulso hasta el cerco como el que conduce a las varillas de tierra. En caso de fuertes tempestades desconecte el impulsor de la línea de alimentación (110 Voltios o Batería) y luego levante las cuchillas para así bloquear totalmente el impulsor.

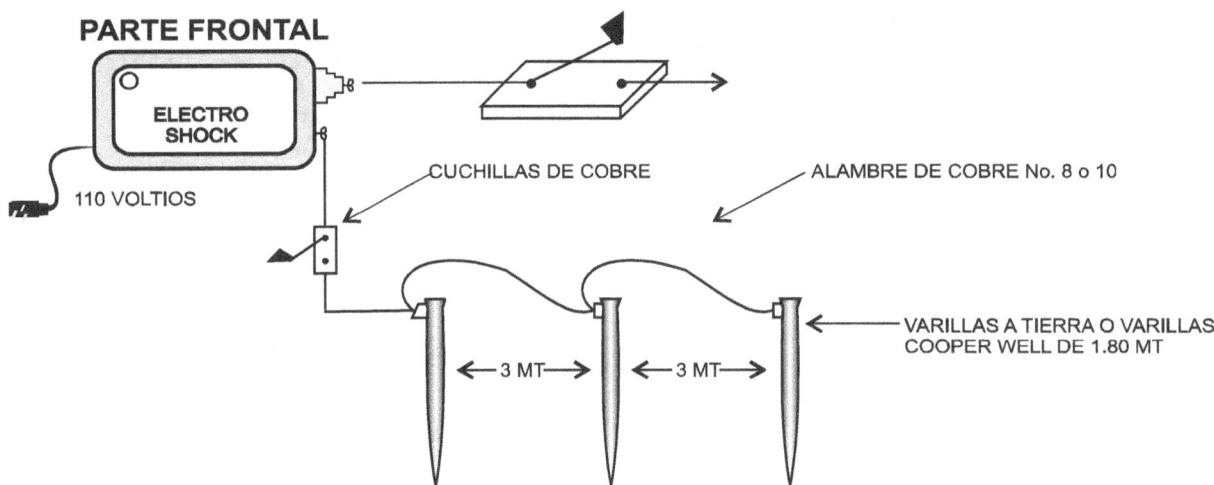

5. CONSTRUCCIÓN DE LOS CERCOS

La construcción de los cercos depende del terreno, para mayor facilidad y economía deben escogerse tramos largos y planos en línea recta. En estos casos se pueden colocar postes cada 10 o 12 metros de distancia. Cuando el terreno es quebrado se deben colocar postes en cada hondonada y en cada saliente de la superficie.

Existen dos clases de Cercos:

⚡ CERCO FIJO
⚡ CERCO MÓVIL

5.1 CERCO FIJO

En los cercos fijos los postes esquineros siempre deben llevar un pie de amigo o poste diagonal apoyado a 2 metros de distancia. Para ganado mayor es suficiente tender 2 hilos de alambre uno a 60 centímetros del suelo y otro 105 centímetros. Después de anclada la posteadura el proceso de fabricación del cerco se empieza extendiendo el extremo libre de alambre acerado No. 12 o No.14 hasta uno de los postes esquineros se fija esta con su respectivo aislador.

Después se introducen pedazos de 10 centímetros de manguera aisladora para cerca eléctrica en igual número al de los postes intermedios. Se intercala en la mitad del recorrido un tensor para alambre y posteriormente se amarra el otro extremo de alambre con su respectivo aislador al otro poste esquinero.
Aislandolo del pedazo de manguera aisladora y clavandolo a las alturas indicadas. Debe tenerse cuidado que la grapa no rompa ni raje la manguera aisladora. Para templar el alambre se da vuelta a la tuerca central del tensor con la ayuda de una llave de peston.

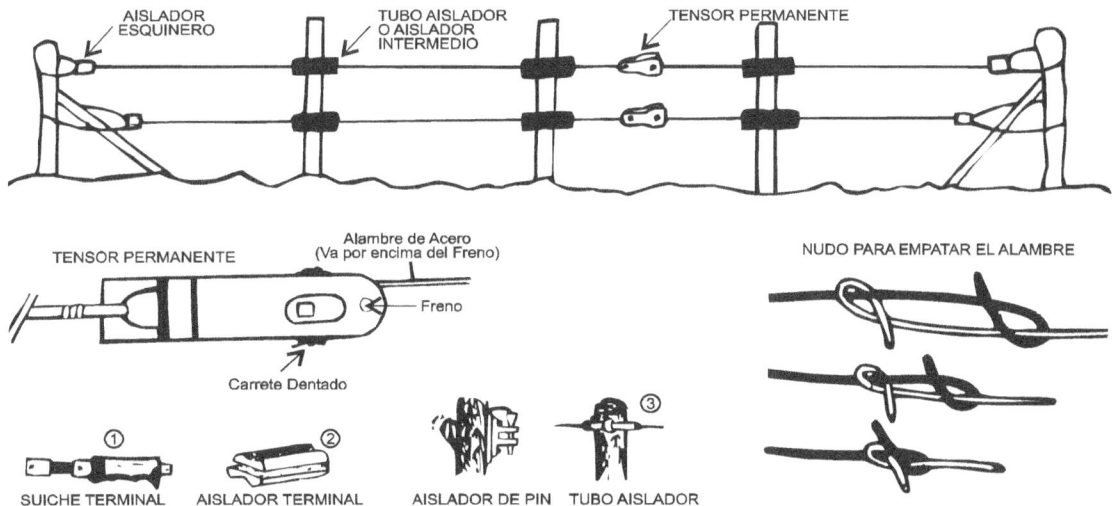

No se deben utilizar mangueras usadas comúnmente en acueducto ni rajarlas por la mitad, para usarlas como aislador. Se deben usar mangueras de grueso calibre para cerca eléctrica puesto que su espesor evita que el voltaje se escape contra los postes.

5.2 CERCO MÓVIL

Es ideal para terrenos planos en los cuales se desee pastoreo intensivo para ello se recomienda instalar una línea de alambre acerado que nos sirva como cuerda principal para tomar de esta la corriente para energizar la cinta.
Las cercas móviles se instalan con cinta eléctrica y con varillas aisladas las cuales podremos anclar o retirar rápida y fácilmente.

CERCO MÓVIL

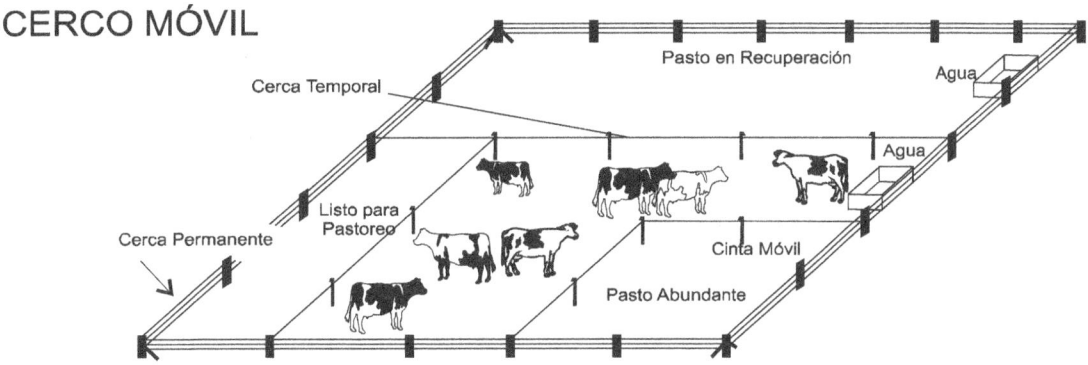

5.3 INSTRUCCIONES PARA EL USO DE LA CINTA

Utilice un carretel dispensador para el rápido tendido y recolección de la cinta. Además este carretel alarga la vida útil de esta. Enganche el carretel en un costado del potrero y extienda la cinta a través de los clips de las varillas aisladas. Distribuyalas cada 10 o 15 metros, de acuerdo con el terreno utilice una manigueta aislada (manigueta de portillo) al final de la cinta.
Para conectarla al cerco fijo, tenga cuidado que la cinta sobrante que esta en el carretel no quede tocando el pasto ó alambres de púas.

CERCO FIJO

ENTRENAMIENTO DE LOS ANIMALES A LAS CERCAS ELÉCTRICAS

Todos los animales requieren de tiempo y espacio para entender que los alambres están electrificados. Este periodo de adaptación, siempre debe hacerse sin "STRES".

Las cercas que encierran animales por primera vez deben estar funcionando a 100 % de efectividad. Si el pulso eléctrico es efectivo y la cerca tiene un buen sistema de conexión a tierra, la mayoría de los animales estarán entrenados en menos de 48 horas, no trate de acelerar el proceso, empujando los animales contra la cerca.

6. DISEÑO Y PLANEACIÓN DE UNA RED DE CERCAS ELÉCTRICAS

Antes de empezar a construir las cercas eléctricas de la propiedad, esté seguro de lo que desea hacer. Dibuje su plan en forma de mapa a escala y estudie cuidadosamente las conexiones eléctricas, flujo de corriente, localización de swiches y puertas, además de los movimientos de los animales en una rotación, localización de bebederos y saladeros, corrales y áreas especiales. Y en un momento determinado, cuales potreros están siendo pastoreados y cuales no.

Las cercas eléctricas se amplían con el tiempo a medida que se les encuentran nuevas aplicaciones y son agregadas nuevas subdivisiones al sistema.

Así que esté seguro de comprar inicialmente un impulsor potente para evitar problemas futuros por falta de potencia.

También es importante diseñar una o mas redes de cercas que en un futuro pueden ser energizadas por varios impulsores si se vuelve necesario. Una vez que la mayoría de las cercas de una propiedad estén electrificadas el control de los animales es mucho más fácil. Subdivisiones internas pueden entonces construirse, con un calibre menor de alambre, lo que permite hacer más longitud de cercas con un costo menor por metro o implementar el sistema móvil de pastoreo, que racionaliza aún más el consumo de los pastos.

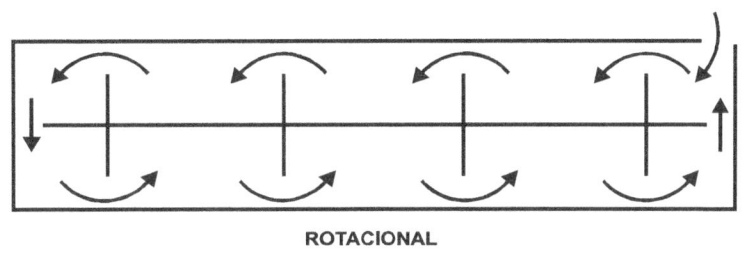

ROTACIONAL

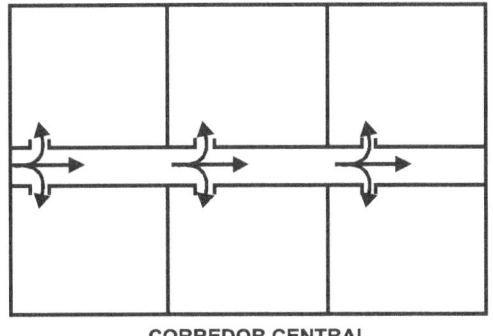

CORREDOR CENTRAL

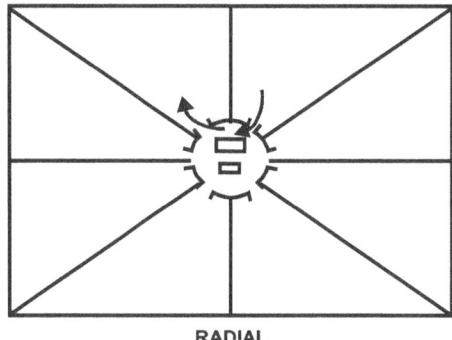

RADIAL

6.1 ¿POR DONDE DEBEN IR LAS CERCAS?

Las cercas deben evitar terrenos muy difíciles, rocosos o muy pendientes. Es generalmente más fácil hacer un poco de zig zag que pasar sobre partes que necesiten ser niveladas y donde se necesitará más anclajes y amarras que puedan causar problemas. Los alambres de doble aislamiento para conectar tramos entre las puertas se deben enterrar bajo estas.

Los cables altos generalmente causan problemas de instalación y mantenimiento.

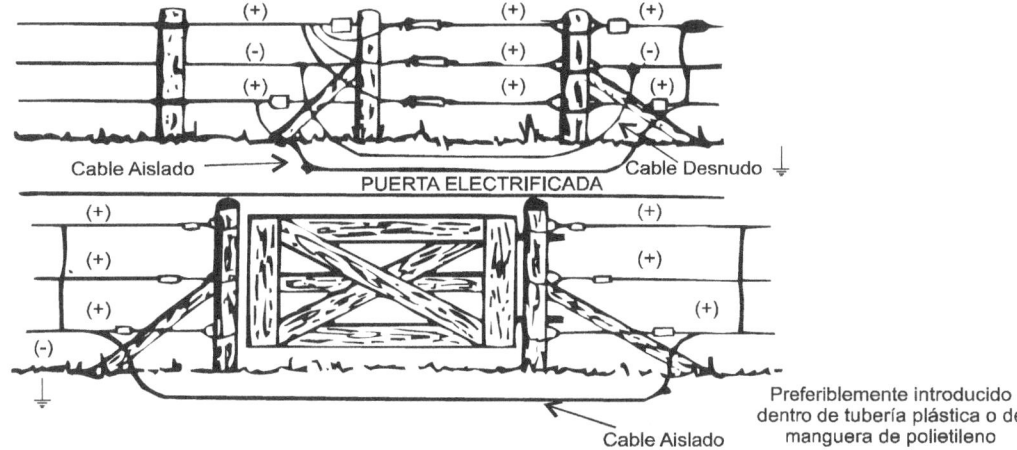

7. ANCLAJES DE ESQUINAS Y ANCLAJES DE TERMINALES

Los postes utilizados para los anclajes tienen que ser necesariamente fuertes y de madera dura o tratada. Si estos postes no son colocados adecuadamente o fallan por ser livianos u ordinarios, todo el sistema de cercas sufrirá graves consecuencias, cercas no eléctricas requieren postes aún más gruesos para soportar tensión de alambres adicionales, además la presión de los animales.

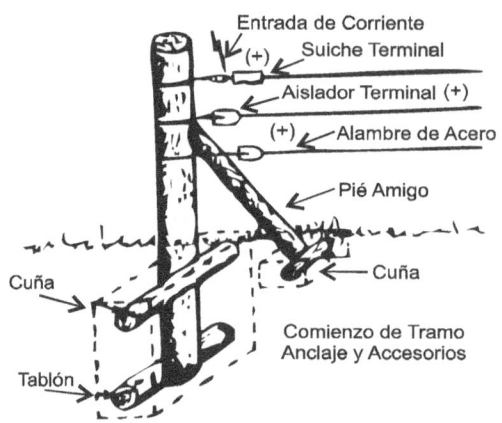

7.1 AISLADORES TERMINALES

Existen varios tipos de aisladores terminales capaces de aguantar altas tensiones de alambre, de fibra de vidrio o plástico, son generalmente más costosos que los de polietileno sin embargo su vida útil es mucho mayor. Los aisladores terminales se usan al principio y al final de cada tramo de cerca, es decir, amarrados a los anclajes terminales. En caso donde existen ángulos en las cercas y estos están hechos con postes de superficie irregular que puede causar el rompimiento de un aislador tipo tubo se pueden usar aisladores terminales por el lado interno del ángulo para evitar cotos en el futuro.

8. ¿CÓMO ELECTRIFICAR CERCAS ANTIGUAS?

Como una solución adecuada para electrificar cercas antiguas ya construidas de púas, se debe utilizar trozos de varillas de fibra de vidrio de unos 20 a 30 centímetros de longitud anclados a los postes de madera como lo muestra la ilustración. Este método puede usarse para llevar la línea de conducción a áreas remotas de la finca.

9. CONTROL DE ANIMALES CUANDO NO HAY ELECTRICIDAD

La mayoría de los animales respetan la cerca eléctrica aún durante los periodos en que esta no esta electrificada debido a fallas temporales en el fluido eléctrico.
Los animales que han crecido bajo cercas eléctricas, generalmente, no tratan de desafiar la cerca por varias semanas, pero los animales que tienen poca experiencia si pueden salirse a los pocos días de estar la cerca apagada. Para esto recomendamos el impulsor de doble servicio 110/12 VTS batería referencia ES- 6000 ó ES- 9200B

126

ALGUNAS ALTURAS RECOMENDADAS PARA LOS ALAMBRES EN LA CERCA ELÉCTRICA

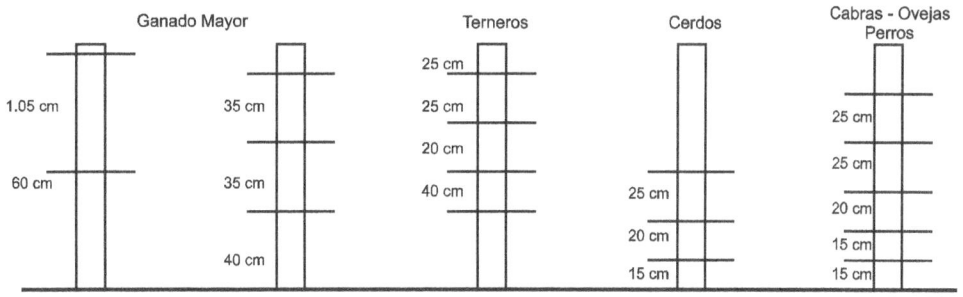

10. PRECAUCIONES NORMALES

⚡ Nunca electrifiques alambres de púas sin aislamientos.

⚡ Enseña a los niños a usar las cercas eléctricas y como probarlas con una hoja de hierba.

⚡ En cercas eléctricas que cruzan o están cerca de vías públicas, servidumbre etc, Se requiere poner un aviso de precaución muy visible a cada 80 o 100 metros.

11. ¿CÓMO ENCONTRAR FALLAS O CORTOS EN UNA CERCA?

Los voltímetros dirigibles o de agua son de gran ayuda para mantener un funcionamiento apropiado de toda una red de cercas eléctricas, en el caso de cercas muy pequeñas donde no se justifique el voltímetro. El paso de la corriente por un alambre se puede detectar usando un trozo pequeño de hierba sostenido en una mano y acortando las distancia entre la mano y el alambre hasta que el flujo de corriente se siente cada vez más fuerte. Para detectar un corto o daño en la cerca desconecte tramos de cerca individualmente y tome lecturas con el voltímetro a intervalos de 100 a 200 metros si el corto es grave, el voltaje en el alambre comienza a disminuir hasta que el lugar del corto es encontrado, una vez que el lugar del corto es sobrepasado el voltaje se mantiene generalmente constante, así que es necesario regresar hasta que el lugar exacto sea encontrado.

Otra prueba muy importante para hacer es descartar si el impulsor está enviando los pulsos de corriente, para esto desconecte los alambres de salida del impulsor y tome la lectura de voltaje en el impulsor.

VENTAJAS DE LOS IMPULSORES ELECTRO SHOCK

Los impulsores Electro Shock están diseñados con la nueva tecnología de baja impedancia la cual evita que el contacto con las ramas atenúen el voltaje de salida, logrando así un mayor alcance, pues las perdidas de corriente por acción de las ramas causa una disminución de un 30% de la potencia de los impulsores tradicionales.

GUÍA PARA UBICAR FALLAS EN CERCAS ELÉCTRICAS

Para encontrar fallas en las cercas eléctricas, es recomendable seguir los siguientes pasos:

1. Dejar el impulsor en vació (sin cercos) y probar el impulsor con ayuda de un probador para cerca eléctrica.

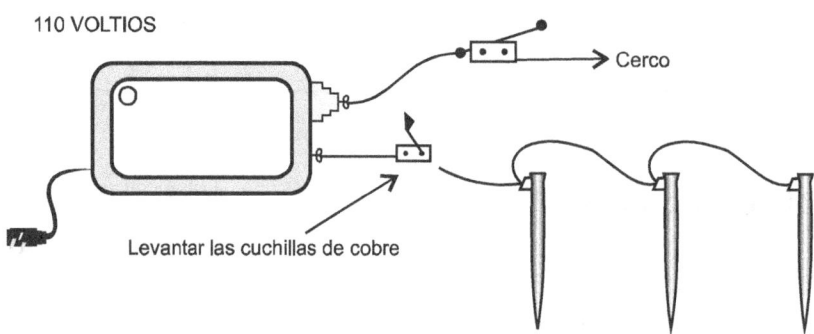

Si el impulsor marca entre 5000 V y 6000 Voltios está bueno.

2. Conectar nuevamente las cuchillas y desconectar la unión entre el cable principal y el cerco.

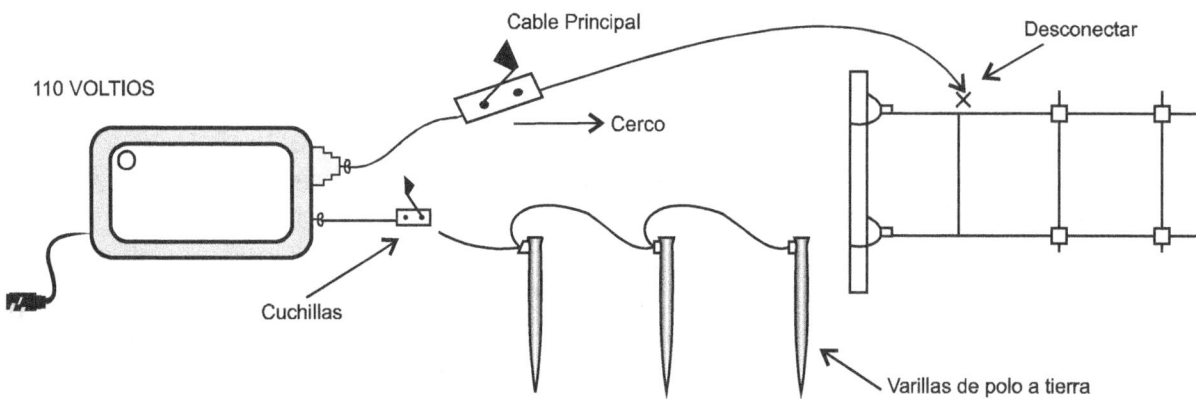

En la punta del cable debe marcar el mismo voltaje que marcó antes.

3. Si hasta el paso anterior está el voltaje bien, conectar nuevamente el cable principal al cerco y dejar solamente un tramo de cerco. Por ejemplo desconectar el broche siguiente.

NOTA: Si en el paso anterior el voltaje no aparece, cambiar el cable. No debe usar el cable que se usa comúnmente en las instalaciones eléctricas de la casa, se debe usar cable para cerca eléctrica o mejor a un cable utilizado comúnmente para las bujías de los carros. Viene con mejor aislamiento.

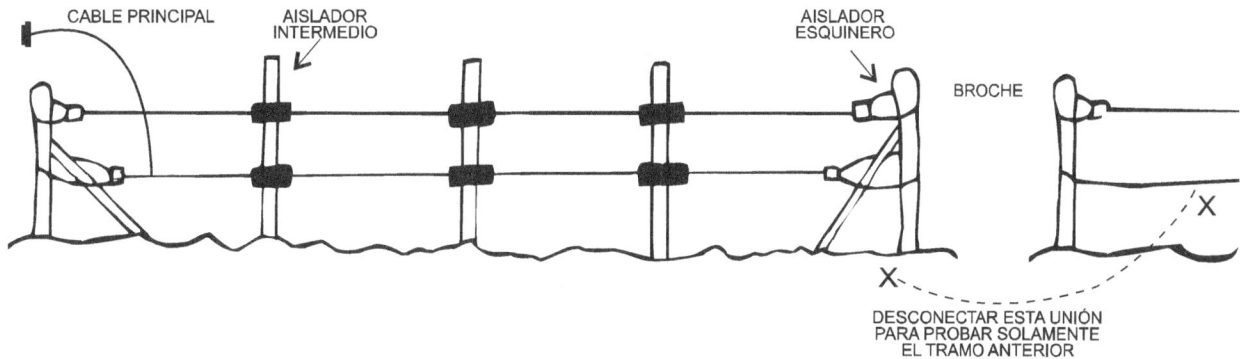

CABLE PRINCIPAL   AISLADOR INTERMEDIO   AISLADOR ESQUINERO   BROCHE

DESCONECTAR ESTA UNIÓN
PARA PROBAR SOLAMENTE
EL TRAMO ANTERIOR

Se prueba este tramo, si el voltaje no aparece, el problema está ahí. Pueden ser las grapas que sostienen las mangueras intermedias, muchas veces las aprisionan mucho y rompen la manguera intermedia.

NOTA: No usar mangueras rajadas o mangueras no diseñadas para este fin.

Si por el contrario el voltaje en este tramo está bien, conectarlo nuevamente, el problema está más adelante. Entonces conectar el próximo tramo y hacer las mismas pruebas, y así sucesivamente hasta llegar al daño

NOTA: El polo a tierra es muy importante, es como la antena de un radio, si hay buena antena hay buena señal.

Entonces para que halla un buen polo a tierra se deben colocar tres (3) varillas cobre-cobre a 3 mts de distancia la una de la otra y preferiblemente ubicarlas en una parte húmeda. Conectar hasta el impulsor con alambre de cobre No. 08 ó 10.

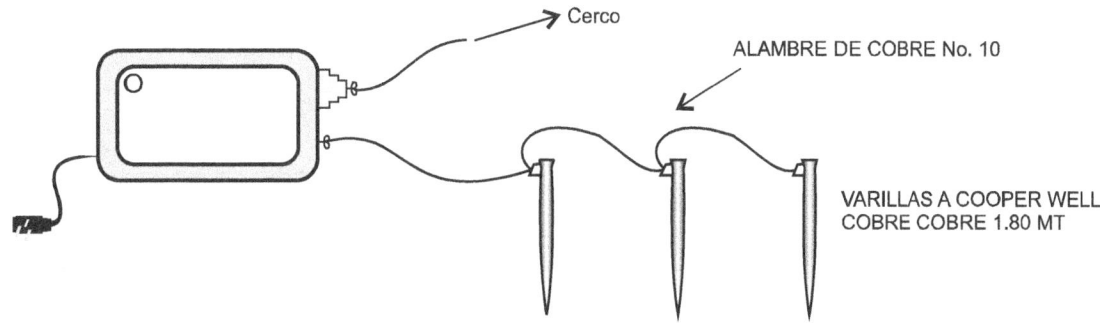

Cerco

ALAMBRE DE COBRE No. 10

VARILLAS A COOPER WELL
COBRE COBRE 1.80 MT

CERCAS ELÉCTRICAS PARA GANADERÍA

REFERENCIA	ALIMENTACIÓN	CONSUMO	JOULES DE SALIDA	PULSOS POR SEGUNDO	ALCANCE REAL EN KMS DE ALAMBRE	CLASE DE IMPEDANCIA
ES-2200	110 V	0,035 amp	2,2	60	22	BAJA
ES-3500	110 V	0,045 amp	3,5	60	35	BAJA
ES-6000	110 V o BATERÍA 12 V	0,30 amp	6,5	50	60	BAJA
ES-9200B	110 V o BATERÍA 12 V	0,70 amp	9,2	50	92	BAJA
ES-9200	110 V	0,090 amp	9,2	60	92	BAJA
ES-13700	110 V	0,15 amp	13,7	60	137	BAJA

NOTA: LOS IMPULSORES DE BAJA IMPEDANCIA NO SON FÁCILMENTE ATERRIZADOS O BLOQUEADOS POR EL CONTACTO CON LAS RAMAS.

NOTAS

_____

_____

_____

_____

_____

_____

_____

_____

GLOSARIO DE TERMINOS DE ELECTRICIDAD

Abrir: Desconectar en forma manual o remota una parte del equipo para impedir el paso de la corriente eléctrica.

Administración de la Operación: Planear, dirigir, supervisar y controlar conforme a reglas, normas, metodologías, políticas y lineamientos para la correcta operación del Sistema Eléctrico Nacional.

Aislante: Un material que, debido a que los electrones de sus átomos están fuertemente unidos a sus núcleos, prácticamente no permite sus desplazamientos y, por ende, el paso de la corriente eléctrica, cuando se aplica una diferencia de tensión entre dos puntos del mismo. Material no conductor que, por lo tanto, no deja pasar la electricidad.

Alimentador eléctrico: Circuito normalmente conectado a una estación receptora, que suministra energía eléctrica a uno o varios servicios directamente a varias subestaciones distribuidoras.

Alta tensión: Tensión nominal superior a 1 kV (1000 Volts)

Alternador: Generador eléctrico de corriente alterna que opera bajo el principio de inducción electromagnética por movimiento mecánico. El movimiento mecánico puede provenir de turbinas impulsadas por vapor, agua, gases calientes o algún otro medio impulsor.

Amper (∗): Unidad de medida de la intensidad de corriente eléctrica, cuyo símbolo es A. Se define como el número de cargas igual a 1 coulomb que pasar por un punto de un material en un segundo. (1A= 1C / s). Su nombre se debe al físico francés Andre Marie Ampere.

Area del Control: Es la entidad que tiene a su cargo el control y la operación de un conjunto de centrales generadoras, subestaciones y líneas de transmisión dentro de un área geográfica determinada por el grupo director del CENACE.

Arrancar: Conjunto de operaciones manuales o automáticas, para poner en servicio un equipo.

Arranque Negro: Es el arranque que efectúa una unidad generadora con sus recursos propios.

Autoabastecimiento: Es la energía eléctrica destinada a la satisfacción de necesidades propias de personas físicas o morales.

Autotransformador: Transformador con sus bobinados conectados en serie. Su conexión tiene efecto en la reducción de su tamaño.

Banco de transformación: Conjunto de tres transformadores o autotransformadores, conectados entre sí para que operen de la misma forma que un transformador o autotransformador trifásico.

Barra colectora (bus): Conductor eléctrico rígido, ubicado en una subestación con la finalidad de servir como conector de dos o más circuitos eléctricos.

Bloqueo: Es el medio que impide el cambio parcial o total de la condición de operación de un dispositivo, equipo o instalación de cualquier tipo.

Bobina: Arrollamiento de un cable conductor alrededor de un cilindro sólido o hueco, con lo cual y debido a la especial geometría obtiene importantes características magnéticas.

Cable: Conductor formado por un conjunto de hilos, ya sea trenzados o torcidos.

Cableado: Circuitos interconectados de forma permanente para llevar a cabo una función específica. Suele hacer referencia al conjunto de cables utilizados para formar una red de área local.

Caída de tensión: Es la diferencia entre la tensión de transmisión y de recepción.

Calidad: Es la condición de tensión, frecuencia y forma de onda del servicio de energía eléctrica, suministrada a los usuarios de acuerdo con las normas y reglamentos aplicables.

Caloría: Unidad equivalente a 4.18 joules.

Canalización: Accesorios metálicos y no metálicos expresamente diseñados para contener y proteger contra daños mecánicos alambres, cables o barras conductoras. Protegen, asimismo, las instalaciones contra incendios por arco eléctrico producidos por corto circuito.

Capacidad: Medida de la aptitud de un generador, línea de transmisión, banco de transformación, de baterías, o capacitores para generar, transmitir o transformar la potencia eléctrica en un circuito; generalmente se expresa en MW o kW, y puede referirse a un solo elemento, a una central, a un sistema local o bien un sistema interconectado.

Capacidad de generación: Máxima carga que un sistema de generación puede alimentar, bajo condiciones establecidas, por un período de tiempo dado.

Capacidad de transmisión: Potencia máxima que se puede transmitir a través de una línea de transmisión; tomando en cuenta restricciones técnicas de operación como: el límite térmico, caída de tensión, límite de estabilidad en estado estable, etc.

Capacidad disponible (en un sistema): Suma de las capacidades efectivas de las unidades del sistema que se encuentra en servicio o en posibilidad de dar servicio durante el período de tiempo considerado.

Capacidad efectiva: Carga máxima que puede tomar la unidad en las condiciones que prevalecen y corresponde a la capacidad de placa corregida por efecto de degradaciones permanentes en equipos que componen a la unidad y que inhabilitan al generador para producir la potencia nominal.

Capacidad instalada: Potencia nominal o de placa de una unidad generadora, o bien se puede referir a una central, un sistema local o un sistema interconectado.

Capacidad Rodante: Es la potencia máxima que se puede obtener de las unidades generadoras sincronizadas al Sistema Eléctrico Nacional.

Capacitor: Dispositivo que almacena carga eléctrica y está formado (en su forma más sencilla) por dos placas metálicas separadas por una lámina no conductora o dieléctrico. Estos dispositivos se utilizan, entre otras cosas, para reducir caídas de voltaje en el sistema de distribución. También se le conoce como **condensador**. Ver Capacitor

Carga: Cantidad de potencia que debe ser entregada en un punto dado de un sistema eléctrico.

Carga Interrumpible: Es la carga que puede ser interrumpida total o parcialmente conforme a lo establecido en las tarifas vigentes para este efecto.

Carga promedio: Carga hipotética constante que en un período dado consumiría la misma cantidad de energía que la carga real en el mismo tiempo.

Central generadora: Lugar y conjunto de instalaciones utilizadas para la producción de energía eléctrica. Dependiendo del medio utilizado para producir dicha energía, recibe el nombre correspondiente.

Central hidroeléctrica: Central generadora que produce energía eléctrica utilizando turbinas que aprovechan la energía potencial y cinética del agua.

Central termoeléctrica: Central generadora que produce energía eléctrica utilizando turbinas que aprovechan la energía calorífica del vapor de agua producido en calderas.

Central eólica: Central generadora que produce energía eléctrica utilizando turbinas que aprovechan la energía cinética del viento.

Central geotérmica: Central generadora que produce energía eléctrica utilizando turbinas que aprovechan la energía calorífica del vapor de agua, producido en las entrañas de la tierra.

Central maremotriz: Central generadora que produce energía eléctrica utilizando turbinas que aprovechan la energía potencial de las mareas.

Central núcleo-eléctrica: Central generadora que produce energía eléctrica utilizando turbinas que aprovechan la energía liberada por vapor de agua. El vapor es producido por el calentamiento del agua en contacto con el proceso de fisión nuclear en un reactor.

Centro Nacional de Control de Energía (CENACE): Es la entidad creada por la Comisión Federal de Electricidad para la planificación, dirección coordinación, supervisión y control del despacho y operación del Sistema Eléctrico Nacional.

Circuito: Trayecto o ruta de una corriente eléctrica, formado por conductores, que transporta energía eléctrica entre fuentes.

Cogeneración: Es la energía eléctrica producida conjuntamente con vapor u otro tipo de energía térmica secundaria o ambas, o cuando la energía térmica no aprovechada en los procesos se utilice para la producción directa o indirecta de energía eléctrica, o cuando se utilicen combustibles producidos en sus procesos para la generación directa o indirecta de energía eléctrica.

Conductor: Cualquier material que ofrezca mínima resistencia al paso de una corriente eléctrica. Los conductores más comunes son de cobre o de aluminio y pueden estar aislados o desnudos.

Confiabilidad: Es a habilidad del Sistema Eléctrico para mantenerse integrado y suministrar los requerimientos de energía eléctrica en cantidad y estándares de calidad, tomando en cuenta la probabilidad de ocurrencia de la contingencia sencilla más severa.

Consumo (gasto): Cantidad de un fluido en movimiento, medido en función del tiempo; el fluido puede ser electricidad.

Consumo de energía: Potencia eléctrica utilizada por toda o por una parte de una instalación de utilización durante un período determinado de tiempo.

Consumo energético: Gasto total de energía en un proceso determinado.

Contingencia: Anormalidad en el sistema de control de una central, subestación o punto de seccionamiento alternativo instalado en el sistema de la distribución de energía eléctrica.

Continuidad: Es el suministro ininterrumpido del servicio de energía a los usuarios, de acuerdo a las normas y reglamentos aplicables.

Control Automático de Generación: Es el equipo que de manera automática ajusta los requerimientos de generación de un Área de Control, manteniendo sus intercambios programados más la respuesta natural del Área ante variaciones de frecuencia.

Control remoto: Control a distancia por medio de señal eléctrica, mecánica, neumática o combinación de éstas.

Conversión de la energía eléctrica: Cambio o transformación de parámetros y de la energía eléctrica a través de uno o varios dispositivos.

Corriente: Movimiento de electricidad por un conductor.// Es el flujo de electrones a través de un conductor. Su intensidad se mide en Amperes (A).

Cortocircuito: Conexión accidental o voluntaria de dos bornes a diferentes potenciales. Lo que provoca un aumento de la intensidad de corriente que pasa por ese punto, pudiendo generar un incendio o daño a la instalación eléctrica.

Cuchilla: Es el instrumento compuesto de un contacto móvil o navaja y de un contacto fijo o recibidor. La función de las cuchillas consiste en seccionar, conectar o desconectar circuitos eléctricos sin carga por medio de una pértiga o por medio de un motor.

Cuchillas de Apertura con Carga: Son las que están diseñadas para interrumpir corrientes de carga hasta valores nominales.

Cuchillas de Puesta a Tierra: Son las que sirven para conectar a tierra un equipo.

Degradación: Se dice que una unidad esta degradada cuando por alguna causa no puede genera la capacidad efectiva.

Demanda eléctrica: Requerimiento instantáneo a un sistema eléctrico de potencia, normalmente expresado en megawatts (MW) o kilowatts (kW).

Demanda máxima bruta: Demanda máxima de un sistema eléctrico incluyendo los usos propios de las centrales.

Demanda máxima neta: Demanda máxima bruta menos los usos propios.

Demanda promedio: Demanda de un sistema eléctrico o cualquiera de sus partes calculada dividiendo el consumo de energía en kWh entre el número de unidades de tiempo de intervalo en que se midió dicho consumo.

Despachabilidad: Característica operativa de una unidad de generación de modificar su generación o de conectarse o desconectarse a requerimiento del CENACE.

Despacho Carga: Es la asignación del nivel de generación de las unidades generadoras, tanto propias como de permisionarios y compañías extranjeras con quienes hubiere celebrado convenios para la adquisición de energía eléctrica, considerando los flujos de potencia en líneas de transmisión, subestaciones y equipo.

Diferencia de potencial: Tensión entre dos puntos. Es la responsable de que circule corriente por el conductor, para que funcionen los receptores a los que está conectada la línea.

Disparo: Apertura automática de un dispositivo por funcionamiento de la protección para desconectar uno o varios elementos de un circuito, subestación o sistema.

Disparo de carga: Procedimiento para desconectar, en forma deliberada, carga del sistema como respuesta o una pérdida de generación y con el propósito de mantener su frecuencia en su valor nominal.

Disponibilidad: Característica que tienen las unidades generadoras de energía eléctrica, de producir potencia a su plena capacidad en momento preciso en que el despacho de carga se lo demande.

Disturbio: Es la alteración de las condiciones normales del Sistema Eléctrico Nacional originada por caso fortuito o fuerza mayor, generalmente breve y peligrosa, de las condiciones normales del Sistema Eléctrico Nacional o de una de sus partes y que produce una interrupción en el servicio de energía eléctrica o disminuye la confiabilidad de la operación.

Distribución: Es la conducción de energía eléctrica desde los puntos de entrega de la transmisión hasta los puntos de suministro a los Usuarios.

Efecto Aguas Abajo: Daños o beneficios que pudiera ocasionar la transferencia de volúmenes de agua a una sección posterior a la presa, considerando el sentido del río.

Efecto Joule: Calentamiento del conductor al paso de la corriente eléctrica por el mismo. El valor producido en una resistencia eléctrica es directamente proporcional a la intensidad, a la diferencia de potencial y al tiempo.

Emergencia: Condición operativa de algún elemento, de un sistema eléctrico considerada de alto riesgo y que pudiera degenerar en un accidente de disturbio.

Energía: La energía es la capacidad de los cuerpos o conjunto de éstos para efectuar un trabajo. Todo cuerpo material que pasa de un estado a otro produce fenómenos físicos que no son otra cosa que manifestaciones de alguna transformación de la energía. //Capacidad de un cuerpo o sistema para realizar un trabajo. La energía eléctrica se mide en kilowatt-hora (kWh).

Energía atómica o nuclear: La que mantiene unidas las partículas en el núcleo de cada átomo. Al unirse dos átomos ligeros para formar uno mayor se llama fusión; al partirse un átomo en dos o más fragmentos se llama fisión, al realizarse cualquiera de estos procesos se libera energía calorífica y radiante.

Energía eólica: La energía cinética que se aprovecha por el movimiento del aire al accionar unas aspas fijas o móviles la cual se transforma en mecánica y acoplada a un turbogenerador se transforma en energía eléctrica; su aprovechamiento va en función de la velocidad del viento y de la tecnología del aerogenerador.

Energía geotérmica: Es la energía calorífica proveniente del núcleo de la tierra, la cual se desplaza hacia arriba en el magma que fluye a través de las fisuras en las rocas sólidas y semisólidas del interior de la tierra; la cual se utiliza para generar energía mecánica y eléctrica.

Energía hidráulica: Es la energía potencia del agua de los ríos y lagos que se aprovecha en una caída de agua, por diferencia de altura en una presa o por el paso de ésta, la cual se transforma en energía mecánica por el paso del agua por una rueda hidráulica o turbina acoplada a un turbogenerador que la transforma en energía eléctrica.

Energía maremotriz: Es la que aprovecha el flujo y reflujo de la marea en un lugar adecuado, por ejemplo una bahía y permite utilizar la energía cinética del agua para transformarla en energía mecánica y eléctrica.

Energía necesaria bruta: Energía que se requiere para satisfacer la demanda de un sistema eléctrico, incluyendo los usos propios de la central.

Energía neta: Energía necesaria bruta menos la energía de los usos propios de la central.

Energía química: Es la que se obtiene de la reacción química que se logra por el flujo de electrones entre dos polos de diferente polaridad colocados dentro de un electrolito; por ejemplo una pila.

Energía radiante: Es la energía que se tiene por el movimiento vibratorio que produce las ondas magnéticas, lumínicas o del sonido; tales como rayos gama, equis y ultravioletas, rayos luminosos e infrarrojos; ondas hertizianas.

Energía solar: Energía producida por el efecto del calor o radiación del sol. Esta radiación se utiliza para excitar celdas fotovoltáicas que producen electricidad.

Energía térmica: Es la energía que se obtiene del poder calórico de la combustión de diferentes combustibles la cual convierte agua en vapor que se conduce a una turbina acoplada a un generador que produce energía eléctrica. Estas unidades emplean como combustible el gas, carbón combustóleo, diesel y bagazo de caña.

Energizar: Permitir que el equipo adquiera potencial eléctrico.

Equipo: Dispositivo que realiza una función específica utilizando como una parte de o en conexión con una instalación eléctrica, para la operación.

Equipo Disponible: Es el que no está afectado por alguna licencia y que puede ponerse en operación en cualquier momento.

Equipo Vivo: Es el que está energizado.

Equipo Muerto: Es el que no está energizado.

Equipo Librado: Es aquel en que se ejerció la acción de librar.

Estabilidad: Es la condición en la cual el Sistema Eléctrico Nacional o una parte de el permanece unida eléctricamente ante la ocurrencia de disturbios.

Estación: Es la instalación que se encuentra dentro de un espacio delimitado que tiene una o varias de las siguientes funciones: generar, transformar, recibir, transmitir y distribuir energía eléctrica.

Estados de Operación del Sistema Eléctrico Nacional: NORMAL. Es aquel en el que se opera sin violar límites operativos y con suficientes márgenes de reserva de modo Sistema que se puede soportar la contingencia sencilla más severa sin violación de límites operativos en postdisturbio; ALERTA. Es aquel en el que se opera sin violar límites operativos y con margen de reserva tal que la ocurrencia de una contingencia sencilla puede provocar la violación de límites operativos en postdisturbio sin segregación de carga y con el sistema integrado: EMERGENCIA. Es aquel que se opera violando límites operativos y con margen de reserva tal que la ocurrencia de una contingencia sencilla puede provocar la segregación de carga y/o desintegración del sistema; EMERGENCIA EXTREMA. Es aquel en el que operativos, afectación de carga, formación de islas o laguna combinación de lo anterior, este estado de operación es típicamente de postdisturbio; RESTAURATIVO. Aquel donde las islas eléctricas que permanecen activas suministran una parte de la demanda y donde los esfuerzos de control del grupo de operadores del Sistema Eléctrico Nacional están encaminados a lograr un estado de operación normal, que pudiera alcanzarse gradualmente dependiendo de los recursos con que se cuente.

Factor de carga: Relación entre el consumo en un período de tiempo especificado y el consumo que resultaría de considerar la demanda máxima de forma continua en ese mismo período.

Factor de demanda: Relación entre la demanda máxima registrada y la carga total conectada al sistema. //Relación entre la potencia máxima absorbida por un conjunto de instalaciones durante un intervalo de tiempo determinado y la potencia instalada de este conjunto.

Factor de operación: Relación entre el número de horas de operación de una unidad o central entre el número total de horas en el período de referencia.

Factor de planta: Conocido también como factor de utilización de una central, es la relación entre la energía eléctrica producida por un generador o conjunto de generadores, durante un intervalo de tiempo determinado y la energía que habría sido producida si este generador o conjunto de generadores hubiese funcionado durante ese intervalo de tiempo, a su potencia máxima posible en servicio. Se expresa generalmente en por ciento.

Factor de potencia: Coseno de ángulo formado por el desfasamiento existente entre la tensión y la corriente en un circuito eléctrico alterno; representa el factor de utilización de la potencia eléctrica entre la potencia aparente o de placa con la potencia real.

Falla: 1. Es una alternación o daño permanente o temporal en cualquier parte del equipo, que varía sus condiciones normales de operación y que generalmente causa un disturbio. || 2. Perturbación que impide la operación normal.

Fotocélula: Dispositivo construido de Silicio que permite la transformación de la energía solar en energía eléctrica.

Frecuencia: Número de veces que la señal alterna se repite en un segundo. Su unidad de medida es el hertz (Hz).

Fuentes Alternas de Energía: Otras fuentes de energía en su forma natural, tales como la eólica, solar, biomasa y mareomotriz.

Fusible: Aparato de protección contra cortocircuitos que, en caso de circular una corriente mayor de la nominal, interrumpe el paso de la misma.

Gabinete de media tensión: Envolvente diseñada para proteger y soportar equipo que alimenta transformadores o servicios de media tensión. Son de tipo modular.

Gabinete de baja tensión: Envolvente diseñada para proteger y soportar en su interior fusibles limitadores de corriente y demás equipo de baja tensión.

Generación de energía eléctrica: Producción de energía eléctrica por el consumo de alguna otra forma de energía.

Generador: Es el dispositivo electromagnético por medio del cual se convierte la energía mecánica en energía eléctrica.

Generadores: Son todas aquellas unidades destinadas a la producción de energía eléctrica.

Giga Watt (*): Múltiplo de la potencia activa, que equivale a mil millones de watts y cuyo símbolo es GW.

Grasas conductoras: Compuestos grasos que permiten disminuir la resistencia de contacto, se utilizan en empalmes de barras, y en contactos móviles que operan bajo tensión.

Gasas siliconadas: Compuestos grasos empleados para aumentar la conductividad térmica entre dos elementos.

Hertz Hz (*): Un hertz es la unidad de la frecuencia en las corrientes alternas y en la teoría de las ondas. Es igual a una vibración o a un ciclo por segundo.

Incandescencia: Sistema en el que la luz se genera como consecuencia del paso de una corriente eléctrica a través de un filamento conductor.

Inducción: La inducción electromagnética es la producción de una diferencia de potencia eléctrica (o voltaje) a lo largo de un conductor situado en un campo magnético cambiante. Es la causa fundamental del funcionamiento de los generadores, motores eléctricos y la mayoría de las demás máquinas eléctricas.

Instalación: Es la infraestructura creada por el Sector Eléctrico, para la generación, transmisión y distribución de la energía eléctrica, así como la de los permisionarios que se interconectan con el sistema.

Interconexión: Es la conexión eléctrica entre dos áreas de control o entre instalación de un Permisionario y un Área de Control.

Interrupción: Es la suspensión del suministro de energía eléctrica debido a causas de fuerza mayor, caso fortuito, a la realización de trabajos de mantenimiento, ampliación o modificación de las instalaciones, a defectos en las instalaciones del usuario, negligencia o culpa del mismo, a la falta de pago oportuno, al uso de energía eléctrica a través de instalaciones que impidan el funcionamiento normal de los instrumentos de control o de medida, a que las instalaciones del usuario no cumplan con las normas técnicas reglamentarias, el uso de energía eléctrica en condiciones que violen lo establecido en contrato respectivo, cuando no se haya celebrado contrato respectivo; y cuando se haya conectado un servicio sin la autorización de la Comisión.

Interruptor: Dispositivo electromecánico que abre o cierra circuitos eléctricos y tiene la capacidad de realizarlo en condiciones de corriente nominal o en caso extremo de corto circuito; su apertura y cierre puede ser de forma automática o manual.

Joule: Es la unidad de energía que se utiliza para mover un kilogramo masa a lo largo de una distancia de un metro, aplicando una aceleración de un metro por segundo al cuadrado y su abreviatura es J.

Kilowatt (∗): Es un múltiplo de la unidad de medida de la potencia eléctrica y representa 1,000 watts; se abrevia kW.

Kilowatt-hora (∗): Unidad de energía utilizada para registrar los consumos.

Librar: Es dejar un equipo sin potencial eléctrico, vapor, agua a presión y sin otros fluidos peligrosos para el personal, aislando completamente el resto del equipo mediante interruptores, cuchillas, fusibles, válvulas y otros dispositivos, asegurándose además contra la posibilidad de que accidental o equivocadamente pueda quedar energizada o a presión valiéndose para ello, de bloqueos y colocación de tarjetas auxiliares.

Licencia: Es la autorización especial que se concede a un trabajador para que este y/o el personal a sus órdenes se protejan, observen o ejecuten un trabajo en relación con un equipo o parte de él, o en equipos cercanos, "en estos casos se dice que el equipo estará en licencia".

Línea de transmisión: Es el conductor físico por medio del cual se transporta energía eléctrica, a niveles de tensión alto y medio, principalmente desde los centros de generación a los centros de distribución y consumo. // Elemento de transporte de energía entre dos instalaciones del sistema eléctrico.

Maniobra: Se entenderá como lo hecho por un operador, directamente o a control remoto, para accionar algún elemento que pueda o no cambiar el esta y/o el funcionamiento de un sistema, sea el eléctrico, neumático, hidráulico o de cualquier otra índole.

Mantenimiento: Es el conjunto de actividades para conservar las obras e instalaciones en adecuado estado de funcionamiento.

Mantenimiento programado: Conjunto de actividades que se requiere anualmente para inspeccionar y restablecer los equipos que conforman a una unidad generadora. Se programa con suficiente anticipación, generalmente a principios del año y puede ser atrasado o modificado de acuerdo a las condiciones de operación.

Margen de Regulación Primaria: Es el rango de generación disponible en la unidad por regulación primaria.

Margen de Regulación Secundaria: Es la reserva rodante disponible para el control automático de generación.

Masa: Conjunto de partes metálicas de aparatos que en condiciones normales están aislados de las partes activas.

Megawatt (∗): Múltiplo de la potencia activa, que equivale a un millón de watts; se abrevia MW.

Metrología: Campo de los conocimientos relativos a las condiciones. Incluye los aspectos tanto teóricos como prácticos que se relacionan con las mediciones, cualquiera que sea su nivel de exactitud y en cualquier campo de la ciencia y la tecnología.

Motor eléctrico: Aparato que permite la transformación de energía eléctrica en energía mecánica, esto se logra mediante la rotación de un campo magnético alrededor de unas espiras o bobinado.

Ohm: Unidad de medida de la resistencia eléctrica. Equivale a la resistencia al paso de la electricidad que produce un material por el cual circula un flujo de corriente de un amperio, cuando está sometido a una diferencia de potencial de un Volt. Su símbolo es Ω.

Operación: Es la aplicación del conjunto organizado de técnicas y procedimientos destinados al uso y funcionamiento adecuado de elementos para cumplir con un objetivo.

Operador: Es el trabajador cuya función principal es la de operar el equipo o sistema a su cargo y vigilar eficaz y constantemente su funcionamiento.

Parar: Es el conjunto de operaciones, anuales o automáticas mediante las cuales un equipo es llevado al reposo.

Patronificación: Contraste de los patrones de mayor exactitud con los patrones de trabajo.

Pequeña Producción: Es la generación de energía eléctrica de personas físicas o morales destinada totalmente para su venta a la CFE, cuya capacidad total del proyecto, en un área determinada no excede de 30 Mw. Alternativamente a lo anterior y como una modalidad del autoabastecimiento a que se refiere la fracción IV del artículo 36 de la Ley del Servicio Público de Energía Eléctrica, que los Permisionarios destinen el total de la producción de energía eléctrica a pequeñas comunidades rurales o áreas aisladas que crezcan de la misma y que la utilicen para su autoconsumo, siempre que los Permisionarios constituya n cooperativas de consumo, copropiedades, asociaciones o sociedades civiles, o celebren convenios de cooperación solidaria para dicho propósito y que los proyectos, en tales casos, no excedan de1 Mw.

Perturbación: Acción y efecto de trastornar el estado estable del sistema eléctrico.

Planta: Sinónimo de central, estación cuya función consiste en generar energía eléctrica.

Potencia: Es el trabajo o transferencia de energía realizada en la unidad de tiempo. Se mide en Watt (W).

Potencia eléctrica: Tasa de producción, transmisión o utilización de energía eléctrica, generalmente expresada en Watts.

Potencia instalada: Suma de potencias nominales de máquinas de la misma clase (generadores, transformadores, convertidores, motores) en una instalación eléctrica.

Potencia máxima: Valor máximo de la carga que puede ser mantenida durante tiempo especificado.

Potencia real: Parte de la potencia aparente que produce trabajo. Comercialmente se mide en KW.

Potencia real instalada: Ver capacidad efectiva.

Producción de una central: Energía eléctrica efectivamente generada por una central durante un período determinado.

Productor Externo: Es el titular de un permiso para realizar actividades de generación de energía eléctrica en instalaciones que no son propiedad de CFE.

Productor externo de Energía (PEE): Es el titular de un Contrato Compromiso de Capacidad de Generación de Energía Eléctrica y Compraventa de Energía Eléctrica Asociada celebrado con la CFE., de conformidad con lo dispuesto en la Ley del Servicio Público de Energía Eléctrica y su reglamento.

Producción Independiente: Es la generación de energía eléctrica de personas físicas o morales destinada para su venta exclusiva al suministrador a través de convenios a largo plazo.

Protección: Es el conjunto de relevadores y aparatos asociados que disparan los interruptores necesarios para separar equipo fallado, o que hacen operar otros dispositivos como válvulas, extintores y alarmas, para evitar que el daño aumente de proporciones o que se propague.

Punto de Interconexión Eléctrica: Es el punto donde se conviene la entrega de energía entre dos entidades.

Red de distribución: Es un conjunto de alimentadores interconectados y radiales que suministran a través de los alimentadores la energía a los diferentes usuarios.

Red Troncal: Dependiendo del sector se entiende: **A:** Medio físico primario de la red de comunicaciones. **B:** Conjunto de centrales generadoras, línea de transmisión y estaciones eléctricas que debido a su función y/o ubicación se consideran de importancia vital para un sistema.

Regulación Primaria: Es la respuesta automática medida en Mw. de la unidad generadora al activarse el sistema de gobierno de la misma, ante un cambio en la frecuencia eléctrica del sistema con respecto a su valor nominal.

Regulación Secundaria: Es la aportación en Mw de la unidad generadora en forma manual o automática para establecer la frecuencia eléctrica a su valor nominal de 60 Hz.

Repotenciación: Incremento de la capacidad efectiva de una unidad generadora existente.

Reserva de energía: Cantidad de generación que aún podría suministrarse después de despachar las unidades para satisfacer la curva de demanda del periodo considerado. Se calcula restando la energía necesaria de la generación posible total del sistema en el periodo bajo estudio. Se expresa en porcentaje de la energía necesaria bruta.

Reserva disponible: Capacidad excedente después de cubrir la demanda máxima considerando las unidades que realmente se encuentran disponibles, es decir, excluyendo las unidades que se encuentran fuera de servicio por salidas forzadas o planeadas.

Reserva Fría: Es la cantidad expresada en Mw resultante de las unidades generadoras disponibles y que no se encuentran conectadas al Sistema.

Reserva instalada: Reserva de capacidad prevista para cubrir salidas forzadas y salidas planeadas de las unidades generadoras; se calcula como la diferencia entre la potencia real instalada y la demanda máxima en el periodo considerado.

Reserva Operativa: Es la reserva rodante del área más la generación que puede ser conectada a un período de tiempo determinado (10 minutos normalmente), más la carga que puede ser interrumpida dentro del mismo período de tiempo.

Reserva Rodante: Es la cantidad expresada en Mw de la diferencia entre la capacidad rodante y la demanda del Sistema Eléctrico de cada instante.

Resistencia: Cualidad de un material de oponerse al paso de una corriente eléctrica. La resistencia depende de la longitud del conductor, su material, de su sección y de la temperatura del mismo. Las unidades de la resistencia son Ω.

Restaurador: Es un dispositivo utilizado para interrumpir corrientes de falla, tiene la característica de discriminar las fallas permanentes de las instantáneas a través de apertura y recierres en forma automática, bajo una secuencia predeterminada sin necesidad del interruptor del alimentador.

Seccionador: Es un dispositivo de seccionamiento que en caso de falla en el ramal del alimentador donde se instala, abre sus contactos automáticamente, aislando así la falla, su operación está comunicada a la del interruptor o restaurador según el caso, abre sus contactos al contar la falta de potencial tres veces.

Sincronizar: Es el conjunto de acciones que deben realizarse para conectar al Sistema Eléctrico Nacional en cada instante.

Sistema de distribución: Es el conjunto de subestaciones y alimentadores de distribución, ligados eléctricamente, que se encuentran interconectados en forma radial para suministrar la energía eléctrica.

Sistema eléctrico: Instalaciones de generación, transmisión y distribución, físicamente conectadas entre sí, operando como una unidad integral, bajo control, administración y supervisión.

Sistema Eléctrico Nacional (SEN): Es el conjunto de instalaciones destinadas a la Generación Transmisión, Distribución y venta de energía eléctrica de servicio público en toda la República, estén o no interconectadas.

Sistema Interconectado Nacional (SIN): Es la porción del Sistema Eléctrico Nacional que permanece unida eléctricamente.

Subestación: Conjunto de aparatos eléctricos localizados en un mismo lugar, y edificaciones necesarias para la conversión o transformación de energía eléctrica o para el enlace entre dos o más circuitos.

Subestación de distribución: Subestación que sirve para alimentar una red de distribución de energía eléctrica.

Subestación de transformación: Subestación que incluye transformadores.

Suministrador: Es la Comisión Federal de Electricidad o la Compañía de Luz y Fuerza del Centro.

Suministro: Es el conjunto de actos y trabajos para proporcionar energía eléctrica a cada usuario.

Tablero de control: Dentro de una subestación, son una serie de dispositivos que tienen por objeto sostener los aparatos de control, medición y protección, el bus mímico, los indicadores luminosos y las alarmas.

Tensión: Potencial eléctrico de un cuerpo. La diferencia de tensión entre dos puntos produce la circulación de corriente eléctrica cuando existe un conductor que los vincula. Se mide en Volt (V) y vulgarmente se la suele llama voltaje. La tensión de suministro en los hogares de México es de 110 V.

Transformación: Es la modificación de las características de la tensión y de la corriente eléctrica para adecuarlas a las necesidades de transmisión y distribución de la energía eléctrica.

Transformador: Dispositivo que sirve para convertir el valor de un flujo eléctrico a un valor diferente. De acuerdo con su utilización se clasifica de diferentes maneras.

Transmisión: Es la conducción de energía eléctrica desde las plantas de generación o puntos interconexión hasta los puntos de entrega para su distribución.

Turbina: Motor primario accionado por vapor, gas o agua, que convierte en movimiento giratorio la energía cinética del medio.

Unidad: Es la máquina rotatoria, compuesta de un motor primario ya sea: turbina hidráulica, de vapor, de gas, o motor diesel, acoplados a un generador eléctrico, se incluyen además la caldera y el transformador de potencia.

Unidad de Control Automático de Generación: Es cuando la generación de la unidad esta controlada y supervisada desde un centro de control, según corresponda, a través de equipos y/o programas de control automático de generación, dentro de límites y condiciones establecidas.

Unidad Amarrada: Es la condición de una unidad generadora que opera a un vapor fijo de generación, se le puede variar la generación en forma manual pero no participa en la regulación secundaria.

Unidad en Reserva Fría: Es toda unidad desconectada del Sistema Eléctrico Nacional y que está disponible.

Unidad en Reserva Caliente: Es toda unidad desconectada del Sistema Eléctrico Nacional, Disponible y que mantiene equipo de servicio con el objeto de reducir el tiempo empleado en sincronizar, o que por su característica es rápida en su sincronización.

Unidad Limitada: Es la condición de una unidad generadora que tiene un valor límite de generación para operar, siempre que este valor sea menor a su capacidad nominal y participa parcialmente, en la regulación primaria y secundaria del Sistema Eléctrico Nacional disminuyendo su generación al incrementarse la frecuencia.

Unidad Terminal Maestra: Es el conjunto de equipos y programas, que procesan información procedente de las unidades terminales remotas, unidades maestra y otros medios, que utilice el operador para el desempeño de sus funciones y que se encuentran ubicados en los centros de operación de los niveles jerárquicos.

Unidad Terminal remota: Es el conjunto de dispositivos electrónicos que reciben, transmiten y ejecutan los comandos solicitados por las unidades maestras y que se encuentran ubicadas en las instalaciones del Sistema Eléctrico Nacional.

Unidad Suelta: Es la unidad que no esta amarrada ni limitada.

Usuario: Persona física o moral que hace uso de la energía eléctrica proporcionada por el suministrador, previo contrato celebrado por las partes.

Volt (∗): Se define como la diferencia de potencial a lo largo de un conductor cuando una corriente de un amper utiliza un Watt de potencia. Unidad del Sistema Internacional.

Volt-ampere (∗): Unidad de potencia eléctrica aparente y se abrevia VA.

Volt-ampere reactivo (∗): Unidad de potencia eléctrica reactiva y se abrevia VAr.

Watt (∗): Es la unidad que mide potencia. Se abrevia W y su nombre se debe al físico inglés James Watt.

Zona: Unidad mínima del Sistema Eléctrico Nacional considerada para fines de estudio del mercado eléctrico.

Nota aclaratoria (∗):
Todas las unidades que se definen es este glosario son las que se utilizan en el medio de ingeniería eléctrica; sin embargo, la designación correcta de academia, difiere de esta; por ejemplo, utilizamos Amper, debiendo ser estrictamente Amperio, o bien en vez de Volt, Voltio.